ちくま新書

京大人気講義

生き抜くための地震学

鎌田浩毅
Kamata Hiroki

1003

京大人気講義　生き抜くための地震学【目次】

第三章 命綱としての地球科学的思考

第四章　防災から減災へ――社会全体で災害と向き合うために

まえがき

「3・11」と呼ばれる東日本大震災の発生により、地震は日本に暮らす誰もが避けて通ることのできないことが明らかとなりました。東北地方の太平洋沖で発生した巨大地震は、予想をはるかに超える大揺れと津波の被害をもたらしました。その被害はあまりにも大きく2万人近い数の方が死亡もしくは行方不明となっています。

この日を境に、日本列島は地震と噴火の活動期に入りました。私の専門分野である地球科学から見ると2011年3月11日から、きわめて危機的な状況が続いているといえます。

今後の日本列島では、東日本大震災を上回る規模の災害を引き起こす巨大地震が予想されています。こうした地震はすべての活動をストップさせ、人命のみならず経済的にも社会的にも甚大な被害をもたらします。

いったい日本列島では何が変わってしまい、これから地震や火山活動はどうなるのでしょうか。また、日本列島に住むわれわれはどう生きていけば良いのでしょうか。これは日本人全員が考えていかなければならない課題です。

私は京都大学で大学生と大学院生に地球科学を教えています。地球科学とは地球上で起きている自然現象を科学的に明らかにする学問で、自然災害を防ぐ研究と密接に関係しています。

東日本大震災以降、さまざまな地震発生の予測に関する情報が発信され、マスコミで大々的に報道されています。これによって一部の方々は過剰な心配をしたり、逆に予測情報を軽視したり、という両極端の現象が起きています。

私はこれまで10年ほど地震・津波・噴火のアウトリーチ（啓発・教育活動）を行ってきましたが、現在皆さんからたくさんの質問をいただいています。疑心暗鬼になっている方々も少なからずいるため、本書では皆さんがいずれ必ず直面する「次の震災」を生き延びるために必要な内容を厳選し、わかりやすく解説します。

特に、「3・11」によって私たち地球の研究者が学んだこと、日本列島でこれから起きること、そして、日本に住み続けるために準備しなければならないこと、をわかりやすく説明します。

「3・11」で日本列島の地盤は完全に変化してしまいました。「次の震災」は近く必ず起こる、と言わざるを得ません。世界屈指の変動地域である日本で暮らすためには、こうした新しい状況を、一刻も早く正しく認識してもらわなければならないのです。

いま懸念されている大震災の一つは、大都市の地下でいつ起きてもおかしくない直下型地震です。たとえば、首都圏では「首都直下地震」として被害想定が立てられています。また、富士山の噴火を含む活火山の噴火も控えています。

さらに、西暦2030年代には、日本列島の西半分を巨大地震の三連動が直撃することが確実視されています。こうした予期されている地震災害に対して、本書でお伝えする知識を、皆さんの今後の人生設計の参考にしていただきたいと切に希望しています。

そのためには、地震や噴火がなぜ起きるのかを正しく理解し、また災害が起きる前にどう準備しておけば良いのかを知っておかなければなりません。こうした状況を踏まえて、本書では地震とそれに伴う災害発生の複雑な現象について、「減災」という観点からわかりやすく解説します。

巨大災害に対しては、情報を人々へいかに伝達すれば良いのか、というコミュニケーション上のノウハウも必要です。たとえば、地震や噴火の被害には、自然災害に加えて人災の面が非常に大きいものです。その一つに、必ず起こるのにもかかわらず自分だけは関係ない、と思う「正常化の偏見」（正常性バイアス）があります（第四章の1を参照）。一方では、いざ地震が起きると正しい知識がないために、思わぬ集団パニックが発生しがちです。いずれもコミュニケーション上の問題で、本書はこれらを回避するための方策も提供します。

本書は地震についてよくわからないで困っている方々のために執筆しました。よって、読み進めながら必要な事項が自然に頭に入るように解説をしています。

また、実際の災害場面を想定して、震災帰宅マップの活用法など実用面のノウハウも具体的に取り上げ、被災を最小限に食い止めて生き延びるために必要な考え方を、読みながら自然に習得できるように心がけました。巻末には、用語の索引も設けてあります。

家庭で、そして地域社会や会社で、自分のみならず大切な周りの人の命を守るために、活用していただきたいと願っています。そして日本列島で「3・11」から始まった「大地動乱の時代」を乗りきっていただきたいと希望しています。

第一章
地震のメカニズム

1995年1月17日に起きた阪神・淡路大震災の状況（兵庫・神戸市東灘区）。
本格的な復旧作業が始まった阪神高速道路の倒壊現場。
無惨に折れた支柱が激震のすごさを見せつけている。時事通信社による。

日本列島は世界有数の地殻変動地域にあり、頻繁に地震と噴火を繰り返してきました。地震や噴火がどうして起きるのか、そのメカニズムを理解するために、地球上での日本列島の位置について最初に説明しましょう。

なお、本章は地震が起きる仕組みに関する理学的・工学的な解説をしています。「3・11」後の災害予測について先に知りたい方は、第二章（45ページ）から読み進めていただいても一向にかまいません。

†プレートが沈み込む日本列島

私たちの住んでいる日本は、四方を海に囲まれた島国です。北海道・本州・四国・九州という四つの大きな島と、その他の数多くの小さな島からなります。こうした島々は、北から南まで、また東から西まで、総計3000キロメートルを超える距離にわたるため、「日本列島」とも呼ばれています。

ここで日本列島の成り立ちについて、地球全体の規模で考えてみましょう。地球上で起きる現象はすべて「プレート」という岩板の動きで説明されています。地球の表面は7割が海、3割が陸で占められています。

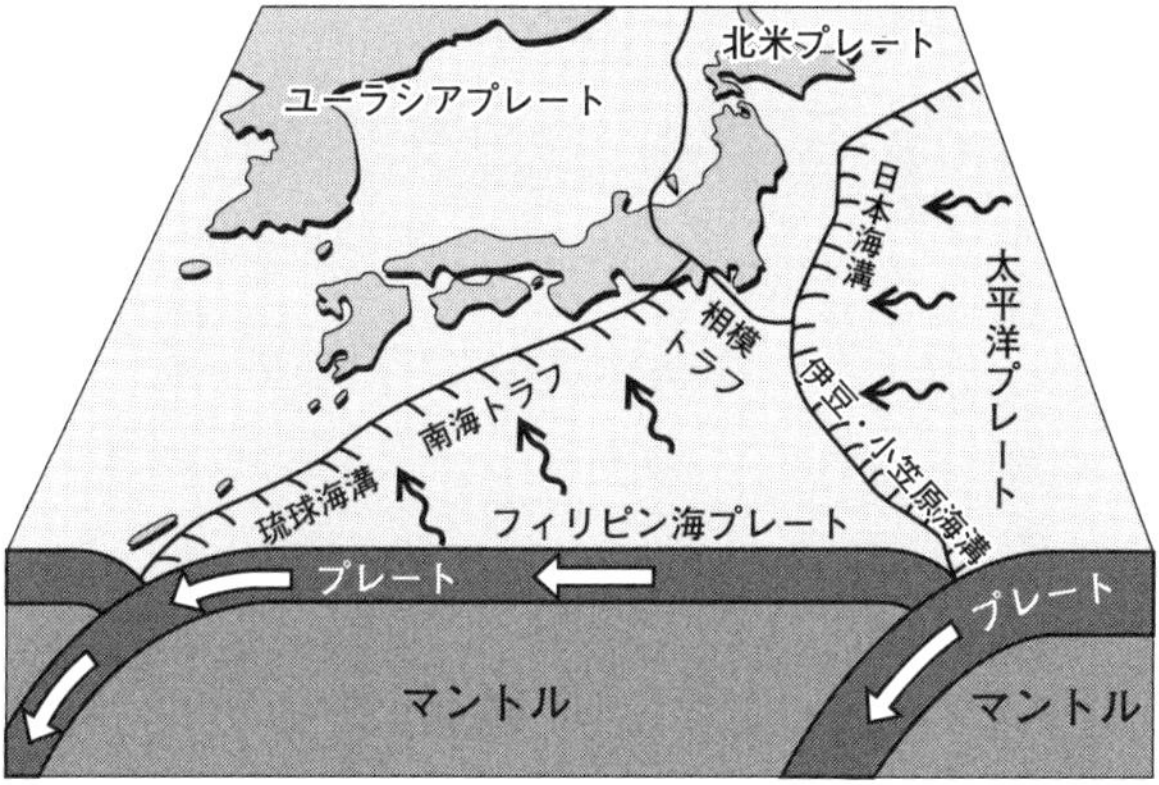

図1－1　日本列島周辺のプレート。

いま海の水を全部取り除いてみましょう。陸地は岩石からできていますが、海の底にも同じような岩石があります。世界中の海底と陸地の岩石は、大きく11個ほどの部分に分けられるのです。つまり、地球は球体ですがその表面は11枚ほどの岩の板によって分割され、この板の一枚一枚がプレート（岩板）と呼ばれています。

そのうち日本列島には四つのプレートが関わっています（図1－1）。まず、日本列島という陸の部分は、二つのプレートに属しています。これらには「ユーラシアプレート」と「北米プレート」という名前が付けられています。

次に、日本列島の東の沖合に広がる太平洋では、二つのプレートに属しています。これらは「太平洋プレート」と「フィリピン海プレート」と名づけられています。そしてユーラシアプレートと北米プレートの中には大陸が含まれているので、「陸のプレート」と呼ばれます。一方、太平洋プレートとフィリピン海プレートには大洋が含まれているので、「海のプレート」と呼ばれています。

このように、日本列島の周辺には陸のプレート二つと、海のプレート二つの、計四つのプレートがひしめきあっており、列島はこれらの相互運動によって誕生したのです。

さて、そのうち海のプレートは、陸のプレートの下にもぐりこんでいます。つまり、太平洋にある二つのプレートが、斜め下の方向に日本列島の地下へ絶え間なく沈み込んでいるのです（図1-1）。

プレートの動きは非常にゆっくりしたもので、一年に4～8センチメートルくらいの速度で移動しています。私たちに身近なもので言えば、ちょうど爪《つめ》の伸びるくらいの速さです。こうしたゆっくりとした動きでも、何十万年、何百万年という間には非常に大きな距離を移動します。そしてこの運動が、最初に述べた東日本大震災の原因ともなったのです。

✝沈み込みの反発が巨大地震を起こす

日本は先進国でも随一の地震多発国です。日本列島は世界の陸地面積の400分の1し

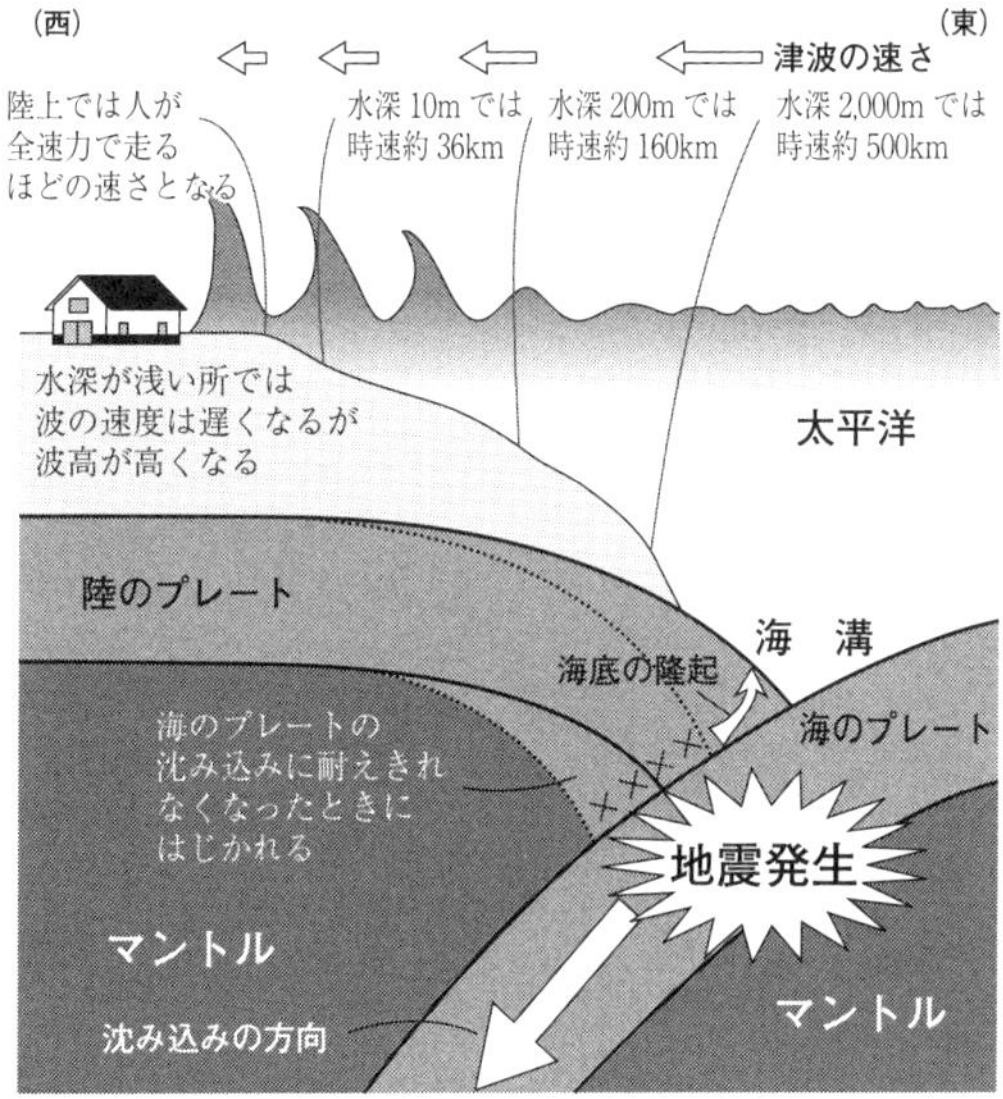

図１－２ 地震と津波が発生する仕組み。

かないのに、世界中で発生する地震の何と10分の1もが日本で発生しています。地震のほとんどないアメリカやヨーロッパから日本に来た外国人は、月に1回くらいは地震を感じることに非常に驚きます。こうした地震の発生はプレートの動きで説明されます。

　太平洋沖の海のプレートは、日本列島の乗った陸のプレートの下に絶えず沈み込んでいます（図1－2）。その時に陸のプレートは少しずつ引きずられていきます。しばらくの間、この陸のプレートはじっと持ちこたえています。しかし、限界に達すると、陸のプレートは一気に元の位置へ戻ろうと反発します（図1－2）。上に乗っている陸のプレートがはじかれるときに、「巨大地震」が発生するのです。

この時、海溝の下にある地盤が隆起します。それに伴って海溝付近にあった海水が上へ持ち上げられます。この水は海面上に大きな盛り上がりを作り、これが「津波」となって水平方向に広がっていきます。言わば水の塊《かたまり》が海面上をすべるように高速で移動するのです。

津波の速さは沖合では時速500キロメートルを超えるものですが、海岸に近づくにつれて遅くなってゆきます（図1－2）。その結果、沖合から来た速度の大きな水の塊は、次第に前面にある水へ乗り上げるようになり、波の高さが高くなってゆきます。そして岸に達すると何十メートルという波高の巨大津波となって襲ってきます。これが東日本大震災を引き起こした仕組みです。

歴史を振り返ってみると、こうした津波を伴う巨大地震は太平洋側の「海溝」と呼ばれる場所で何十回も起きてきました（図1－3）。海溝とは1000キロメートル以上長く続く大きな溝状の谷ですが、海のプレートが何千万年もかけて無理やり沈み込むことによってできました。この巨大な窪地に沿って「地震の巣」があり、地震を繰り返し起こす領

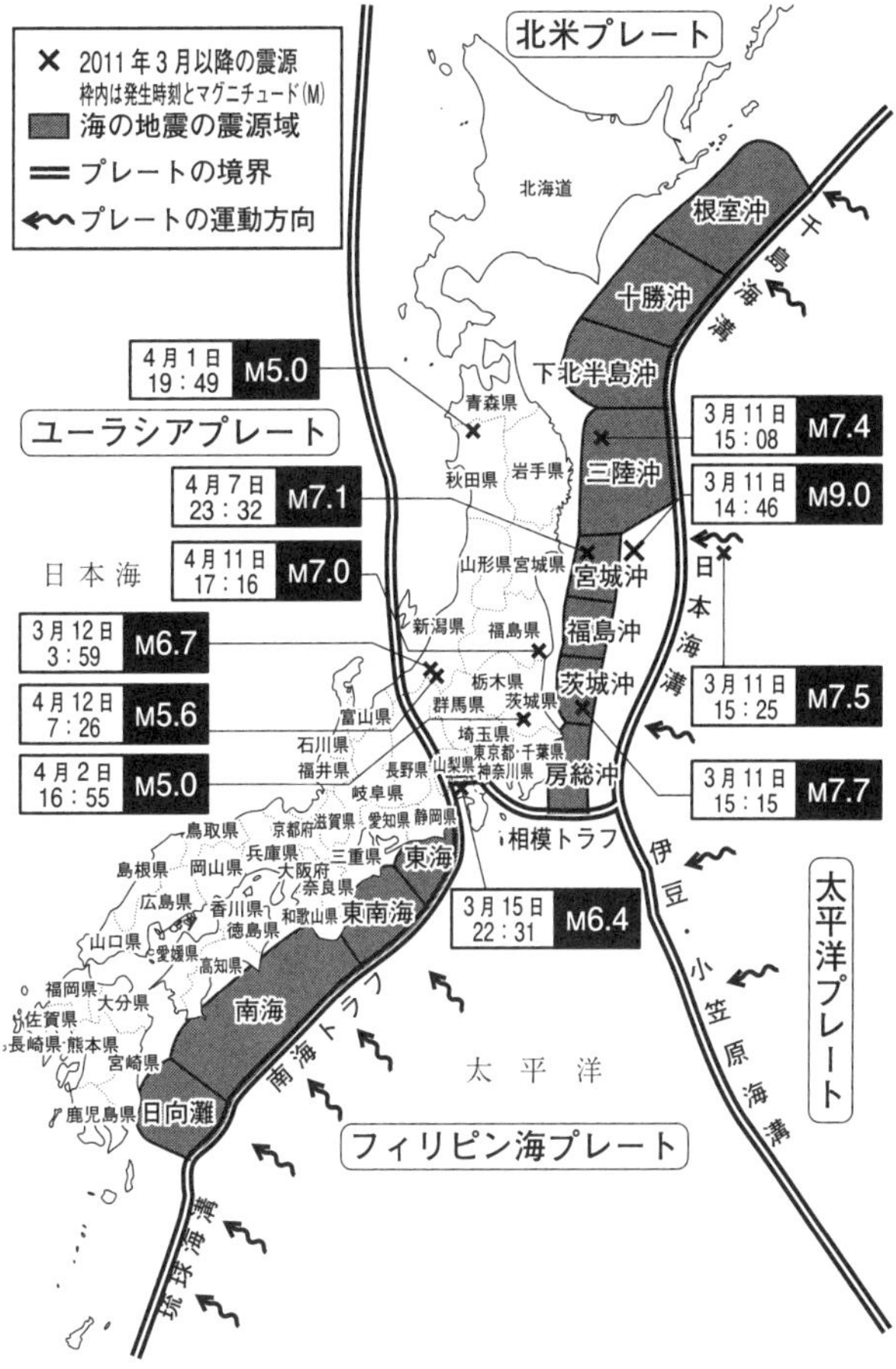

図1－3　日本列島周辺の巨大地震の震源域と、東日本大震災の後に発生した地震の震源。日付は2011年。Mは地震のマグニチュードを示す。

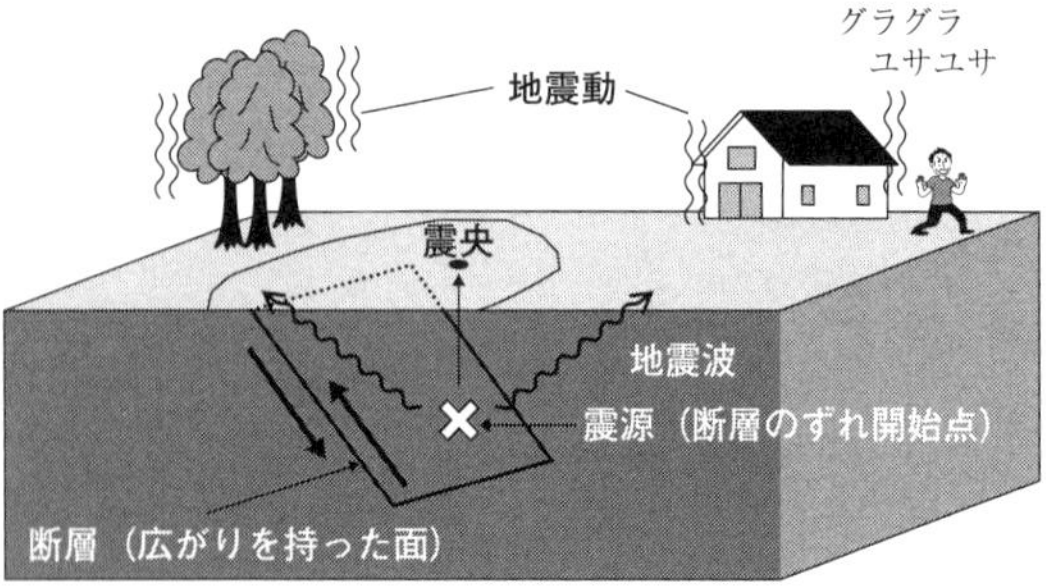

地震＝地下で発生する断層のずれ現象は原因であり、**ゆれ＝地震動**は結果である。地震動そのものも地震と呼ばれることがある。

図1－4　震源と断層。地下で岩石のずれが生じた場所が広がって断層を作る。ここから地震のゆれが地震波となって地表へ伝わる。なお、断層の中心には震源があり、この一点から断層のずれが開始する。震源の真上の地表は、震央と呼ばれる。東京大学出版会『地震予知の科学』の図を改変。

域であることから「震源域《しんげんいき》」と呼ばれています。

†地震はどうして起きるか

そもそも地震は、地下の岩盤が広範囲にわたって割れることにより発生します（図1－4）。ここで、割れる際に「断層」が関与します。

断層とは、地下の変動（地震）によって、本来は一続きだった岩盤や地層に割れ目が入ったものを言います。この割れ目に沿って、両側の岩石が互い違いに移動します。そこで生じたずれ（破壊）は、地震が終わったあとも長く残るのです。こうし

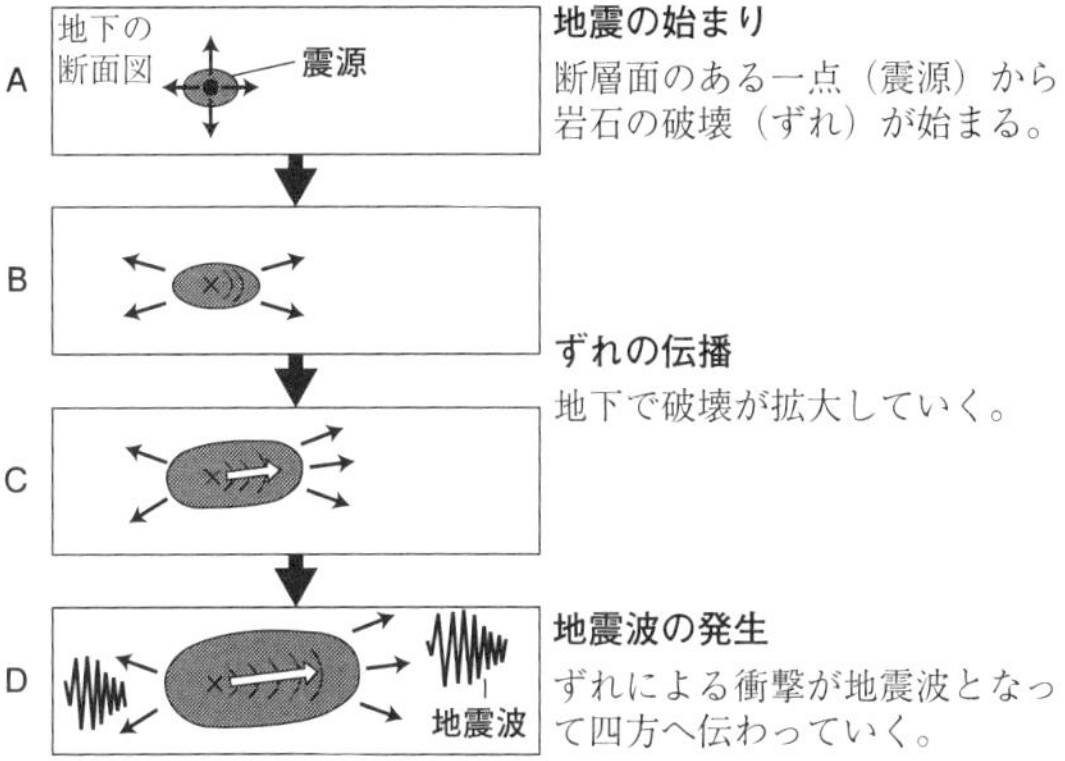

図1－5　地下の断層面で岩石の破壊が横に広がっていく様子。断層面の拡大とともに、地震波が遠方へ伝わってゆく。尾池和夫氏による図を改変。

て断層で割れた面が地震を発生する震源域になる、と地球科学者は考えています。

実は、地震は「震源」となる断層面の一点で起きます（図1－5のA）。震源とは地下で最初に岩石が割れて地震を起こしはじめた場所を指し、ここから岩盤のずれが生まれるのです。この震源からずれ（破壊）が四方八方へ拡大してゆき、岩盤を面的に割ってゆきます（図1－5のB）。

すなわち、ある広がりを持って割れた場所が、面積を持った領域という意味を込めて「震源域」と呼んでいるのです。実際には、震源域とはその中心に震源を持ち、断層面を二次元で表したものです。そして震源域の端では岩盤のずれは小さくなり、や

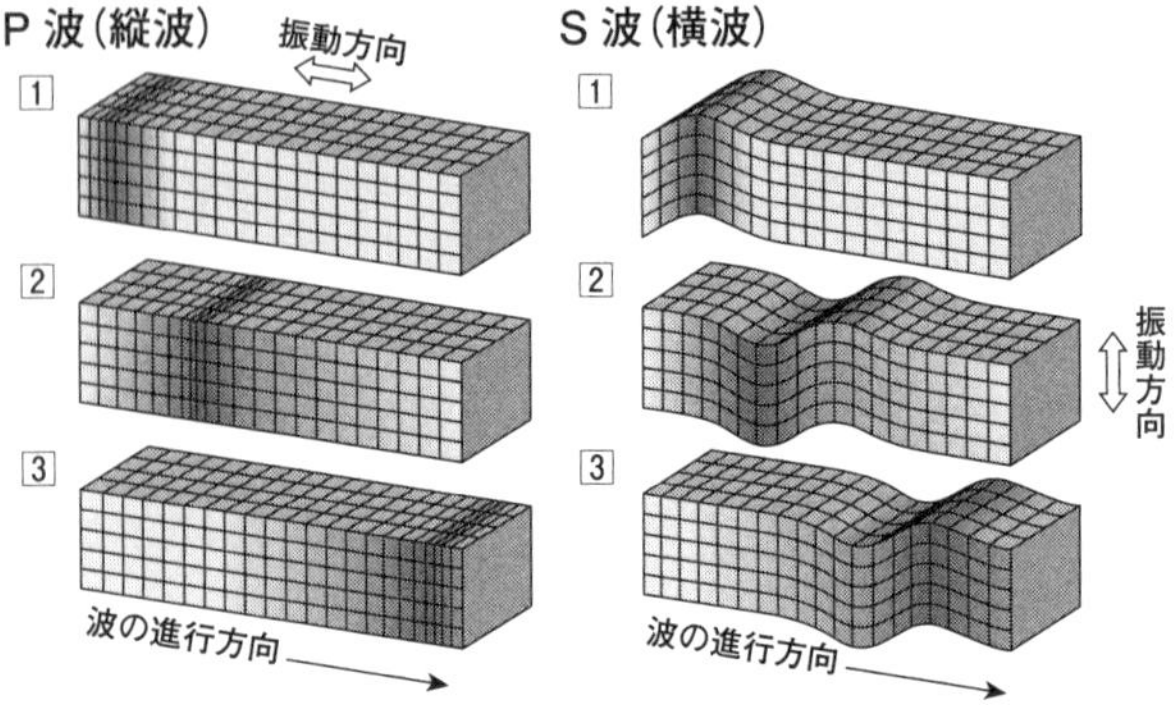

図1－6　地震によって発生する縦波と横波。

がてずれがなくなります。ここまでが震源域の領域です。

さて、この震源域から今度は「地震のエネルギー」が波となって周囲へ伝わります。これが「地震波《は》」と言われるものです（図1－5のD）。

地震波には縦波と横波の二種類があり、それぞれ速度が異なります（図1－6）。ここでは波が進む方向を「縦」と呼び、それに直交する方向を「横」と呼んでいます。縦波は秒速7キロメートルと速く、横波は秒速3キロメートルです。したがって、同じ震源域から波が発生しても、縦波は横波よりも先に地上へ到達します。

まとめると、地下で発生した断層のずれ現象が地震の原因であり、そこから地震波が地上までやってきて、揺れ＝地震動《どう》として観測されるのです。

†地震はどうやって測るか

ここで地震の測り方について説明しましょう。先ほど述べた縦波と横波を観測するために必要だからです。まず地上にやってきた地震の揺れは、「地震計」という計器で測定します。地震が起きると地面が揺れてしまうので、動いている地上で揺れを記録するにはちょっとした工夫がいります。

いま揺れているものを測ろうと思ったら、揺れていない場所を見つける必要があります。この不動の場所（不動点と言います）と比べて、地面がどのくらい揺れているかを測定するのです。実際には不動点というのは地球上に存在しないので、限りなく不動に近い場所を空中に作ります。

最初に、地面が上下に揺れる場合を測ることにします。ある場所に柱を立てて、上からバネを使っておもりをぶら下げます（図1－7の右）。バネの付いている柱は地面にくっついていますから、地震とともに上下に揺れます。しかし、おもりはすぐには動かないので、バネの下で止まっています。

これを地面に立っている人から見ると、振り子のようにおもりが上下に動くように見え

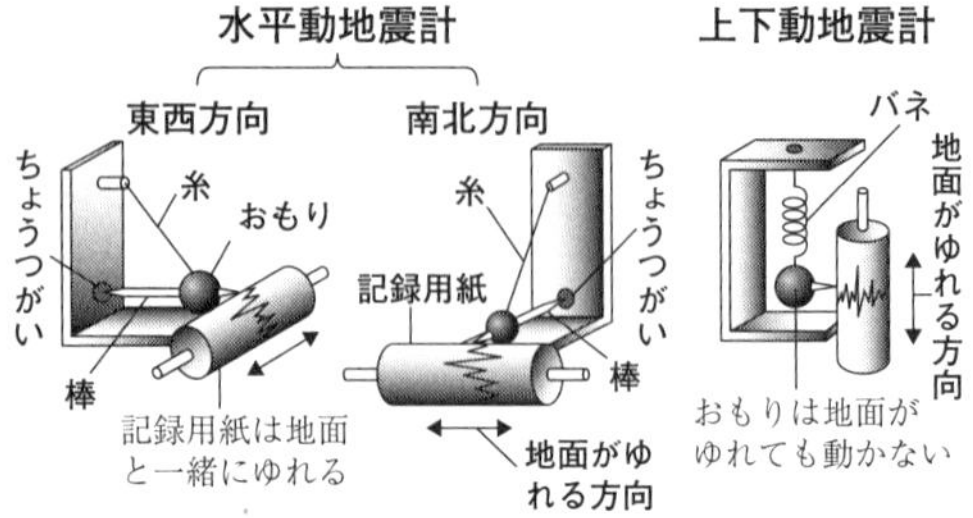

図1－7　地面の揺れを三次元でとらえる地震計の仕組み。水平動の２成分と上下動の１成分を３台の器械で計測する。

ます。ここで、おもりにペンを付けておき、紙を当てておけば、おもりの上下振動を記録することが可能です。こうして地面の揺れを相対的に記録するのが地震計の仕組みです。

　ここでは、地球上に存在しない不動点を、バネに吊したおもりという方法で近似的に作り出しているのです。これを「上下動地震計」と言います。

　また、地面は縦方向に揺れるだけでなく、横方向にも揺れます。これを測定するものが「水平動地震計」です（図1－7の左）。上下動を測るには、重力の方向に動く鉛直ふり子とバネを用いましたが、水平動を測定するためには棒の先についたおもりと糸を二組使います。ここでおもりと棒は、柱に取りつけられたちょうつがいによって、左右に動くことができます。実際には、東西方向と南北方向の直交する2方向で揺れを計測します（図1－7の左）。これを「水平動地震計」と言います。

　こうして、地震の揺れは、上下方向、東西方向、南北方向という三つの互いに直交する方向で測定するのです。これを地震の「揺れ三成分」と言います。

　ところで、中学の数学で、空間はX軸、Y軸、Z軸の座標で表現できると習ったことがあると思いますが、これを発見したのは17世紀に活躍したデカルトです。彼は座標の考え方を提案し、空間の動きはこの座標によってすべて記録できるようになったのです。

　地震の揺れを測るという最先端の技術も、こうした先人たちの「知の発見」の上に成り立っています。こうしたことから、デカルトは近代哲学の創始者というだけでなく、科学のパイオニアとも見なされているのです。

　さて、振り子の動きは、現在では紙に記録するのではなく、電子的に観測されています。2個の水平振り子と1個の鉛直振り子の動きを、1組のセンサーを用いて電気的に記録します。こうした信号は地震計からケーブルを使って観測所へ送られます。ときには、電気信号を電波で飛ばすこともありますが、原理はどれもまったく同じです。

　こうして得られた地面の動きを、コンピューター上で合成して見ることができます。地震は東西、南北、上下のあらゆる方向に地面を揺らしながらやってきます。地面が揺れる様子を三次元的に復元することができるのです。

短周期の動きと長周期の動き

地面の揺れ方はさまざまであり、ガタガタと揺れたりユッサユッサと揺れたりします。ガタガタとした揺れのことを「短周期の動き」と言い、ユッサユッサとした揺れのことを「長周期の動き」と言います。こうした揺れ方の違いも地震計の記録から読み取ることができます。

揺れの違いは、地震計の中に組み込まれた振り子の長さによって、別々に測ることが可能です。いま地面がガタガタと揺れる地震がやってきたとします。この時には、振り子の柄《え》の短い地震計がよく揺れます（図1－8）。ガタガタと揺れる地面に対して、振り子もせわしなく動くのです。

これに対して、地面をユッサユッサと揺らすような地震がやってきたときには、反対の現象が起きます。今度は振り子の柄の長い地震計がよく揺れるようになります。ユッサユッサ揺れる地面に対して、振り子はゆったりと動きます。このように振り子に柄の短いものと長いものを用意しておけば、異なるタイプの地震を計測することができるのです。

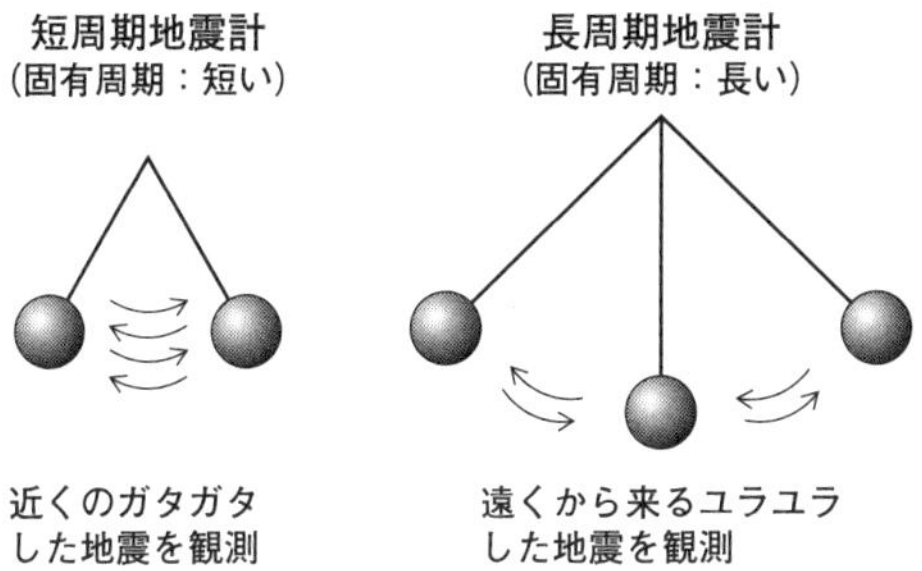

図1－8　短周期地震計と長周期地震計の違い。固有周期は振り子が自然に揺れるときの周期。

こうした現象は「固有周期」という言葉で説明できます。固有周期とは、振り子が左右に揺れるときに、右にいって左にいって元に戻るまでの時間を言います。たとえば、せわしなく動けば固有周期は短い時間となり、逆にゆったり揺れれば固有周期は長い時間となります。

なお、「周期」とは地震計の話だけでなく、一般に定期的に繰り返される現象の中で、循環して戻ってくるまでの時間のことを言います。時間を意味しますから、周期の単位は「秒」で表します。これは分でも時間でも年でもよいのですが、地震の揺れは秒で表現するともっともイメージしやすいので、地震学では秒を周期の単位として用いています。

周期と似たような言葉として、「周波数」というのがあります。これは周期数の逆数を意味するもので、「1割る周期」が周波数となります。よって、周波数の単位は「秒分の1」で表されます。よくラジオなどでヘルツという言葉を聞くことがありますが、1ヘルツは1秒間に1回の周波数を意味します。

さて、短周期の地震と長周期の地震は、地震を受ける側としても違いがあります。自分の近くで起きる、ガタガタ揺れる地震は短周期の地震計でよく観測できます。これに対して何百キロメートルも遠くで発生した巨大地震などは、長周期の地震計がユラユラした揺れをよく捉《とら》えます。

この現象を言い換えると、固有周期の短い振り子は近くから来る短周期の揺れをよく記録し、また固有周期の長い振り子は遠くから来る長周期の揺れをよく記録する、ということになります。この現象は後の章で、超高層ビルが長周期地震によって大きく揺れるという話でもう一度登場します（第三章の図3－3を参照）。

†マグニチュードとは何か

地震の大きさは「マグニチュード」という単位で表します。地下の震源域でどのくらいのエネルギーが発生したかをこれで示すのです。マグニチュードは小数点の付いた10以下の数字で表しますが、大きいほど地震が放出するエネルギーが大きかったことを意味します。

新聞や雑誌ではMと省略されることがあり、M9・1などと小数点第一位まで使います（本書でも、以下適宜マグニチュードをMと略していきます）。ちなみに、マグニチュードは数字が1違うと、地下から放出するエネルギーは32倍ほど異なります。

たとえば、マグニチュードが2違うと、32×32＝1024となり、1000倍近くも異なることになります。マグニチュードは、高校の数学で習う「対数」の考え方が使われているのです。なお、マグニチュードの決め方については、第三章（114ページ）でくわしく解説します。

マグニチュードは図1－4の震源域の大きさ、言い換えれば、地下で岩盤がずれる大きさと比例しています。たとえば、M4の地震でずれる部分の幅は約1キロメートルです。先ほども述べたように、マグニチュードは対数で大きくなり、Mが1増えるとずれる部分の大きさが約3倍になる性質があるので、岩盤がずれる大きさは、M6の地震で10キロメートル、またM8の地震で100キロメートルとなります。

計算上では、M12の地震で岩盤が1万キロメートルずれることになります。ちなみに地球の直径は1万3000キロメートルなので、もしM12の地震が発生すれば、地球はまっぷたつに割れてしまうことになります。実際には、地球上で観測された最大の地震は、1960年のチリ地震（M9・5）です（第3章の図3－1を参照）。

さて、地下で起きるたくさんの地震を見てゆくと、マグニチュードの大きな巨大地震はめったに発生しませんが、小さい地震はたくさん起きることに気づきます。たとえば、日本ではM3の地震は1年に10000回も起きていますが、M4は1000回、M5は100回、M6は10回というように減ってゆきます。

おおざっぱに言うと、マグニチュードが1増加すると、発生する地震の数は10分の1ずつ減少します。これは経験的に得られた法則で、これから起きる可能性のある地震を考える際にも用いられます。

†東日本大震災を起こした海の地震

東日本大震災は2011年3月11日に、東北地方の太平洋側の海底で起きた地震によって発生しました。M9・0という巨大地震を起こした震源域は、長さ500キロメートル、幅200キロメートルという広大なものでした。その震源域は宮城県沖、福島県沖、茨城県沖の三つの領域にまたがっています（図1－3）。

М9・0の巨大地震の直後から夥《おびただ》しい数の地震が発生したのですが、これらは「余震《よしん》」と呼ばれています。余震ではM7・7、M7・5、M7・4という大きな地震が立て続けに起きました（図1－3）。

ちなみに、M9・0の地震は「本震」と呼ばれますが、余震よりも何百倍も大きなものです。東日本大震災のもう一つの特徴は、最初の一撃（本震）がきわめて大きかったことに加えて、余震の活動が異常とも見えるほど激しく、かつ長期間にわたって続いていることです。

一般に余震は、最初に起きる大地震のあとに、規模の小さな地震がたくさん起きるものと定義されます。世界中で起きた地震を研究した結果、余震は初めの一撃である本震よりも10倍以下と小さく、かつ時間とともに数が次第に減ってゆくことがわかってきました（図1－9）。すなわち、大地震の発生には、こうした本震と余震が繰り返す「サイクル」があると考えられているのです。

まず、本震の前には規模の小さな「前震」が発生し、その直後に最大規模の本震が突然発生します。その後、本震よりも小さな余震がだらだらと長く続いて、いずれ消滅します。このそれから長い静穏期を経て、次の地震のサイクルが始まり、再び前震が発生します。この

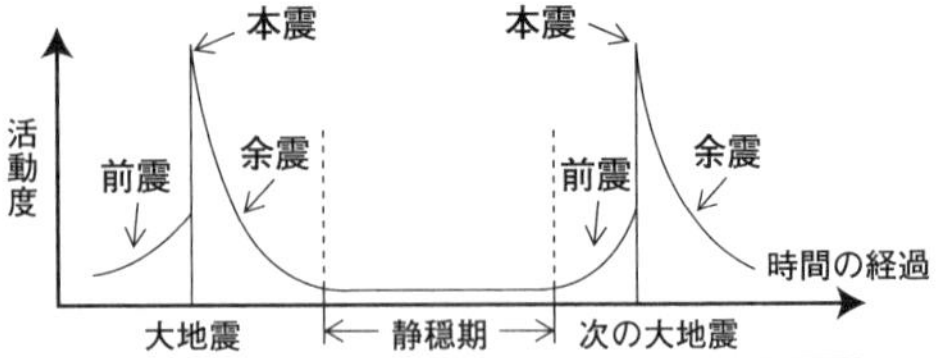

地震活動は、**小規模の前震**から始まり、**最大規模の本震**、そしてまた**中小規模の余震**の順に起こり、静《せい》穏《おん》期《き》をへて繰り返す。

図1－9　地震の繰り返しのサイクルと、前震・本震・余震の関係。尾池和夫氏による図を改変。

静穏期は数十年から数千年と、地震によって幅があります。

今回の本震は、M9クラスという非常に大きなものであったために、余震でもM7以上の大地震が発生しました。数も次第に減ってゆくとは言え、しばらく止むことはありません。

通例、余震はだいたい1週間ぐらいで次第に数が少なくなるものですが、今回の余震はもっと長引き、静穏期になるまで数年以上かかるのではないかと専門家は予測しています。余震の継続する期間から見ても、東日本大震災は特別な巨大災害なのです。

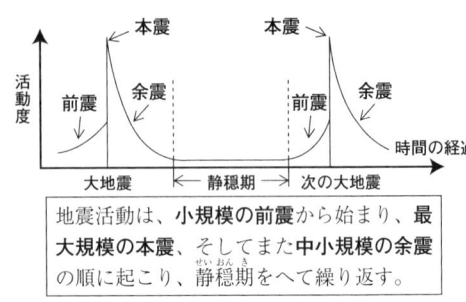

「直下型地震」の正体

東日本大震災の発生のあと、震源域とはまったく関係のない陸域で、比較的規模の大きな地震が発生しています。本震の翌日（3月12日）には長野県でM6・7の地震、いわゆる長野県北部地震が起きました（図1－3）。この地震は震度6強を記録し、東北から関西にかけての広い範囲に大きな揺れをもたらしたのです。

これは典型的な内陸性の「直下型地震」です。直下型地震は地面の下の浅いところで地震が起きるため、地表では大きな揺れが襲ってきます。たとえば、１９９５年に関西で起きた阪神・淡路大震災のように、突然地震に襲われるため逃げる暇がほとんどなく、建物が壊れてたくさんの犠牲者が出てしまうのです（第一章の章扉写真を参照）。

こうした直下型地震は、日本列島の陸上に数多くある「活断層」の地下で起きます。陸のプレートに加わる巨大な力が、地下の弱い部分の岩盤をずらして断層を作り、このずれが地表まで達すると活断層となるのです（図1－10）。

活断層は何十回も繰り返して動き、そのたびに地震を起こします。その周期は１０００年から10万年に1回くらいであり、人間の尺度と比べると非常に長いものです。ひとたびその時が来れば巨大な力が日本列島のどこかで解放されて地震が起きるのですが、その「どこか」とは日本の国土すべてである、と言っても過言ではありません。

断層とは地下の変動によって、本来は一続きだった岩盤や地層に割れ目が入ったものを言います。この割れ目に沿って、両側の岩石が互い違いに移動し、ずれが長く残ります。

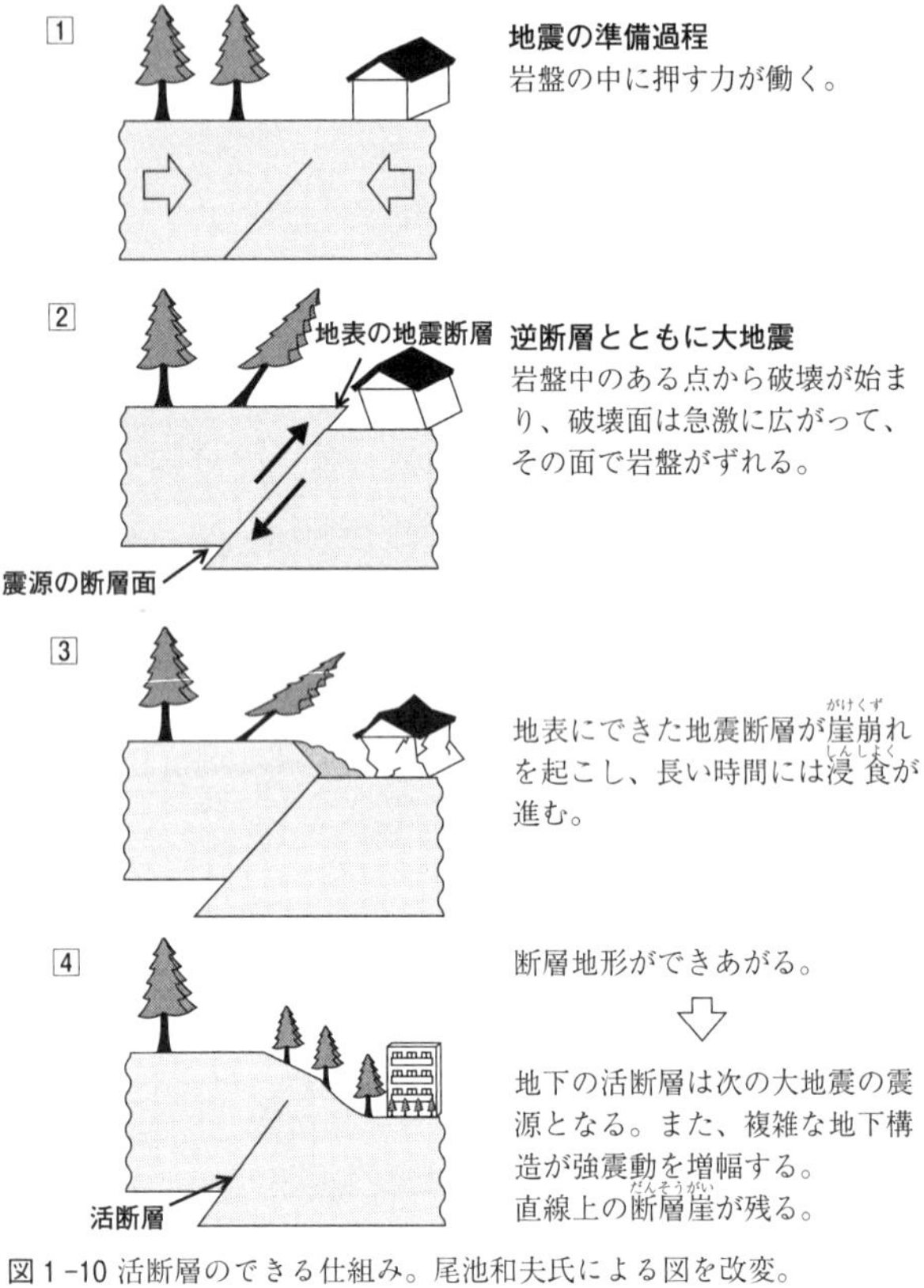
1
地震の準備過程
岩盤の中に押す力が働く。
2
地表の地震断層
震源の断層面
逆断層とともに大地震
岩盤中のある点から破壊が始まり、破壊面は急激に広がって、その面で岩盤がずれる。
3
地表にできた地震断層が崖崩《がけくず》れを起こし、長い時間には浸食《しんしょく》が進む。
4
活断層
断層地形ができあがる。
地下の活断層は次の大地震の震源となる。また、複雑な地下構造が強震動を増幅する。
直線上の断層崖《だんそうがい》が残る。

図1-10 活断層のできる仕組み。尾池和夫氏による図を改変。

こうした見かけのずれの形態によって、「正断層」と「逆断層」と「横ずれ断層」に分けられます（図1－11）。すなわち、押し合う力でずれるか、引き合う力でずれるかによって、断層の形態が異なってくるのです。

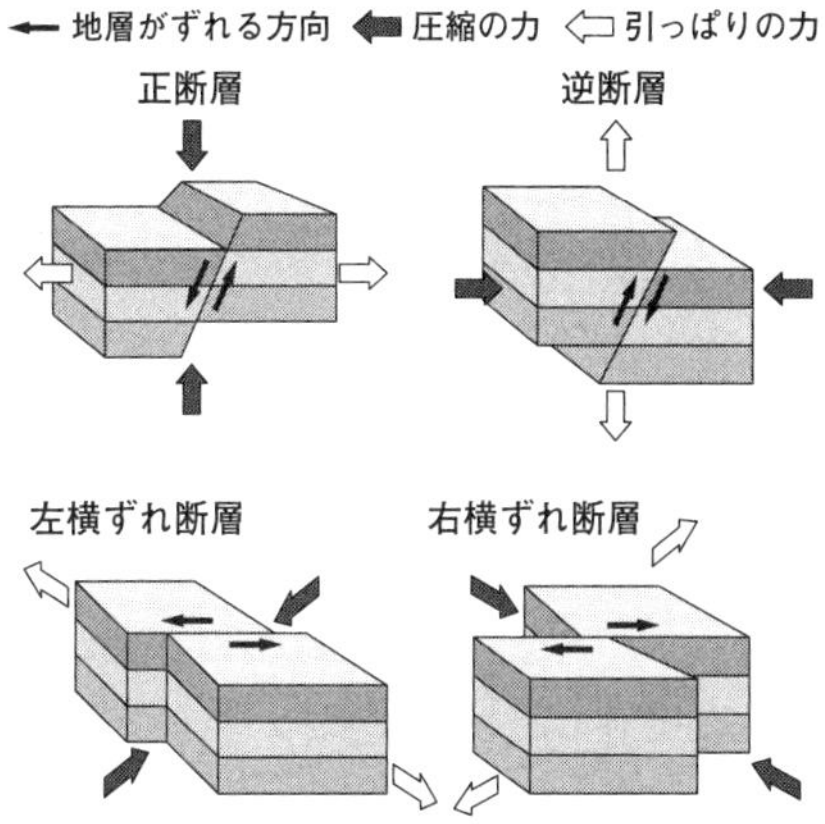

図1－11「正断層」「逆断層」「横ずれ断層」のできかた。

†いつ何が起きてもおかしくない

「3・11」は、東日本が乗っている北米プレート上の地盤を、すっかり変えてしまいました（図1－1）。実際、地震の後に日本列島は最大5・3メートルも海側に移動したのです（図1－12）。さらに、太平洋岸では地盤が最大1・14メートルも沈降したことが観測されました。

　日本列島を大きくながめてみると、東北地方から関東地方の太平洋側が東西に少し広がり、また一部の地域が沈降したことに

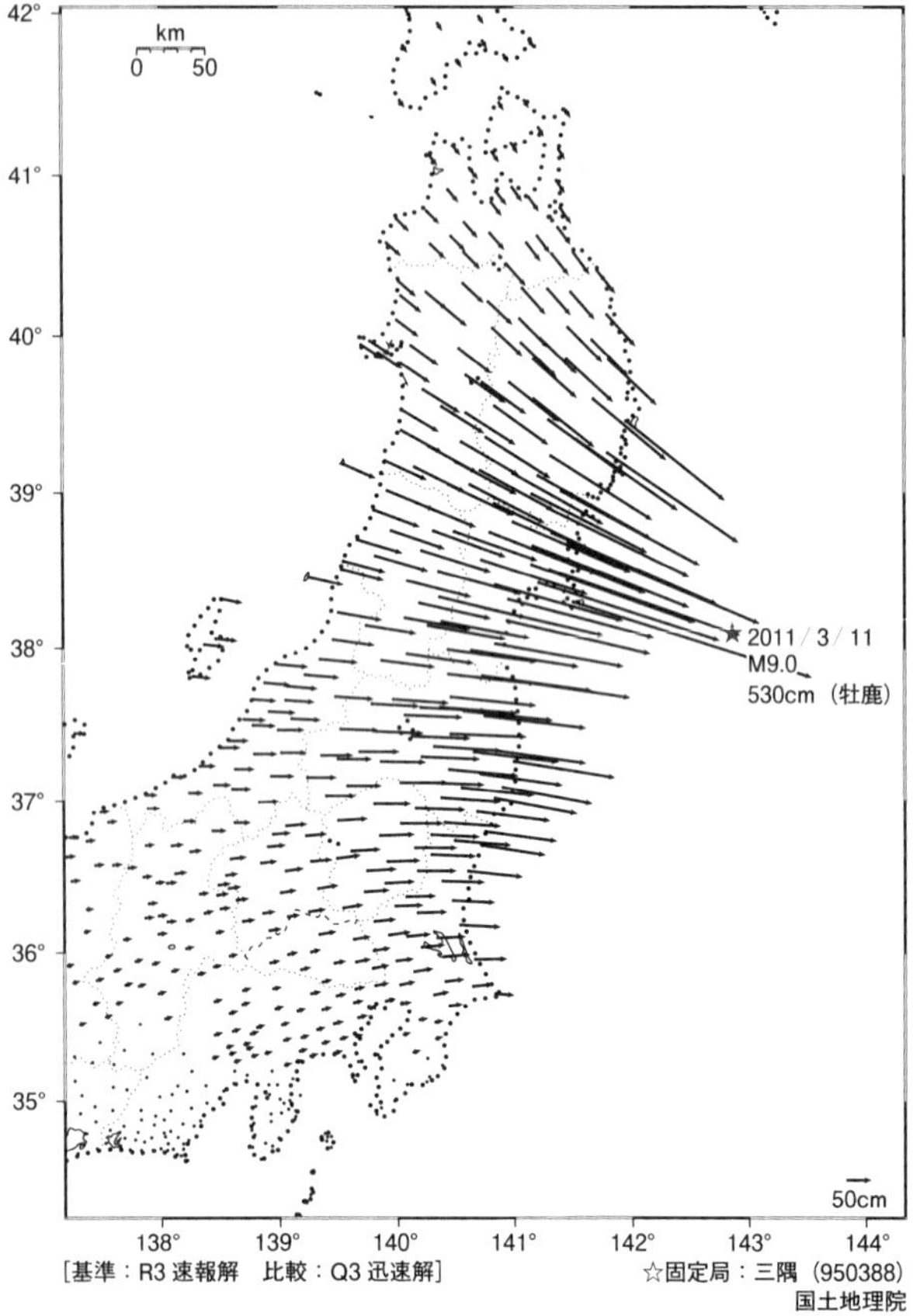

図 1-12 東北地方太平洋沖地震が発生した時の地殻変動。日本列島が東へ 5 メートル以上動いた。国土地理院の資料による。

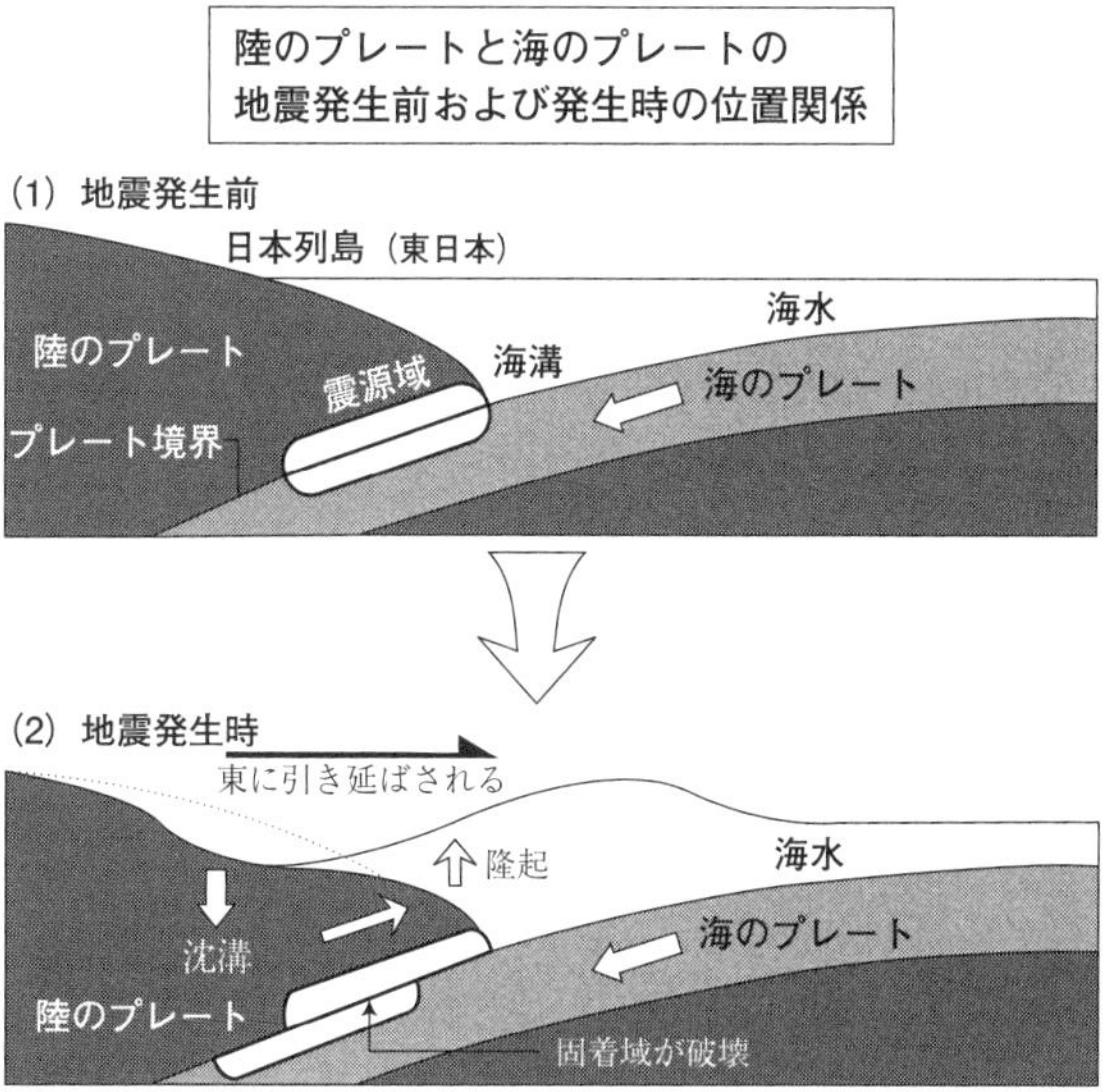

図1－13 プレート沈み込みによる巨大地震の発生メカニズム。

なります（図1－13の下図）。こうした現象は、海の巨大地震が起きたあとに必ず見られる現象です。

すなわち、今の日本列島の東半分は、東西に引っ張られる力が絶えず加えられている状態にあります。この力が、あるとき岩盤の弱い部分を破壊して、断層ができます。こうした断層が正断層なのです（図1－11）。

ちなみに、「3・11」より前の日本列島には、東西から押されるような力が加わっていました。その結果、東北地方には逆断層が多くできていました。ところが

「3・11」以後は反対に引っ張られる力へと変化したために、正断層型の直下型地震が起きるようになってきました（図1－13）。

大変厄介なことに、こうした正断層がどこで起きるのかは、まったくわかりません。ある日突然弱い部分が割れる、ということだけがわかるすべてです。東日本大震災の結果、これまで地震が起きなかったような地域でも地震が起きるようになってしまいました。今後10年から20年くらいは、いつどこで直下型地震が起きてもおかしくない、と考えた方が良いでしょう。

ちなみに、M9という巨大地震が発生した結果、日本の陸地面積は、0・9平方キロメートルほど拡大したと計算されています。東日本大震災はそれほど大きな影響を日本列島に与えたのです。

†活断層は繰り返す

断層は日本列島全体にほぼ万遍なく走っています。その断層の中でも過去に繰り返し活動した記録を持ち、さらに将来も活動しそうな断層のことを「活断層」と呼びます。

1995年に阪神・淡路大震災を起こした野島《のじま》断層もその活断層の一つで、2000年

図1-14 阪神・淡路大震災を引き起こした野島断層。兵庫県淡路市の野島断層保存館で観察できる。鎌田浩毅撮影。

くらいの周期で何十回も規則正しく動いてきました（図1-14）。将来も活動するかどうかの基準は、今から12万～13万年前以降に断層が動いたかどうかによります。

そもそも地球上では、断層が1回だけ動いて、あとは全然動かないということはありえません。1回動いた断層は、何百回も動くものなのです。つまり、活断層のある場所では、過去に何百回も地震が起きていたことを示しているのです。

もう一つ興味深い現象があります。長い間動かなかった断層は、これからもあまり動きません。それに対して、比較的最近までよく動いてきた断層は、これからも頻繁に動く可能性があります。そして、この動きの「せわしなさ」を比べて、専門家はA級活断層、B級活断層、C級活断層とランク分けをしました。

ここでは千年間にどれくらい地面をずらしたかを軸に、区分されています。具体的には、A級活断層とは「1000年間に1メートル以上」ずれたものです。また、B級活断層は「1000年間に10センチメートル以上」ずれたもの、C級活断層は「1000年間に10センチメートル以下」ずれたもの、とそれぞれ定義されています。

ずれが1メートル以上のA級活断層の例としては、1891年（明治24年）に濃尾地震を起こした根尾谷《ねおだに》断層や四国の中央構造線があります。日本人初の東京帝大・地質学教授となった小藤文次郎《ことうぶんじろう》は、濃尾地震の直後に根尾谷断層の貴重な写真を論文に収めています（図1－15）。中央を斜めに走っている段差が、この根尾谷断層です。

また、ずれが1メートルまでのB級活断層の代表は、野島断層を含む六甲・淡路島断層帯です。さらに、ずれが10センチメートル以下のC級活断層は、実は日本中の至るところにありますが、1943年に鳥取地震を起こした鹿野《しかの》断層などがそうです。

さらに、このものさしでは足りないというので、AA級活断層というのも定義されています。これは「1000年間に10メートル以上」も地面をずらしたもので、南海地震を引

図1－15 濃尾地震の直後にバートンによって撮影された岐阜県の根尾谷断層の写真。中央を斜めに走る段差が断層崖で、*Fault* と英語で表記されている。小藤文次郎教授の1893年の論文に所収。

き起こす南海トラフ断層がその代表例です（図1－3）。

研究者たちは個々の断層ごとに、その特徴をくわしく調査します。現在、日本列島には活断層が周辺の海域も含めれば2000本以上存在することが分かっています。その中でも、特に大きな地震災害を引き起こしてきた100本ほどの活断層の動きが、専門家によって注視されているのです（図1－16の見開きページを参照）。

†内陸地震が誘発される

東日本大震災ののち、日本列島の内陸部でこうした活断層が活発に動き出

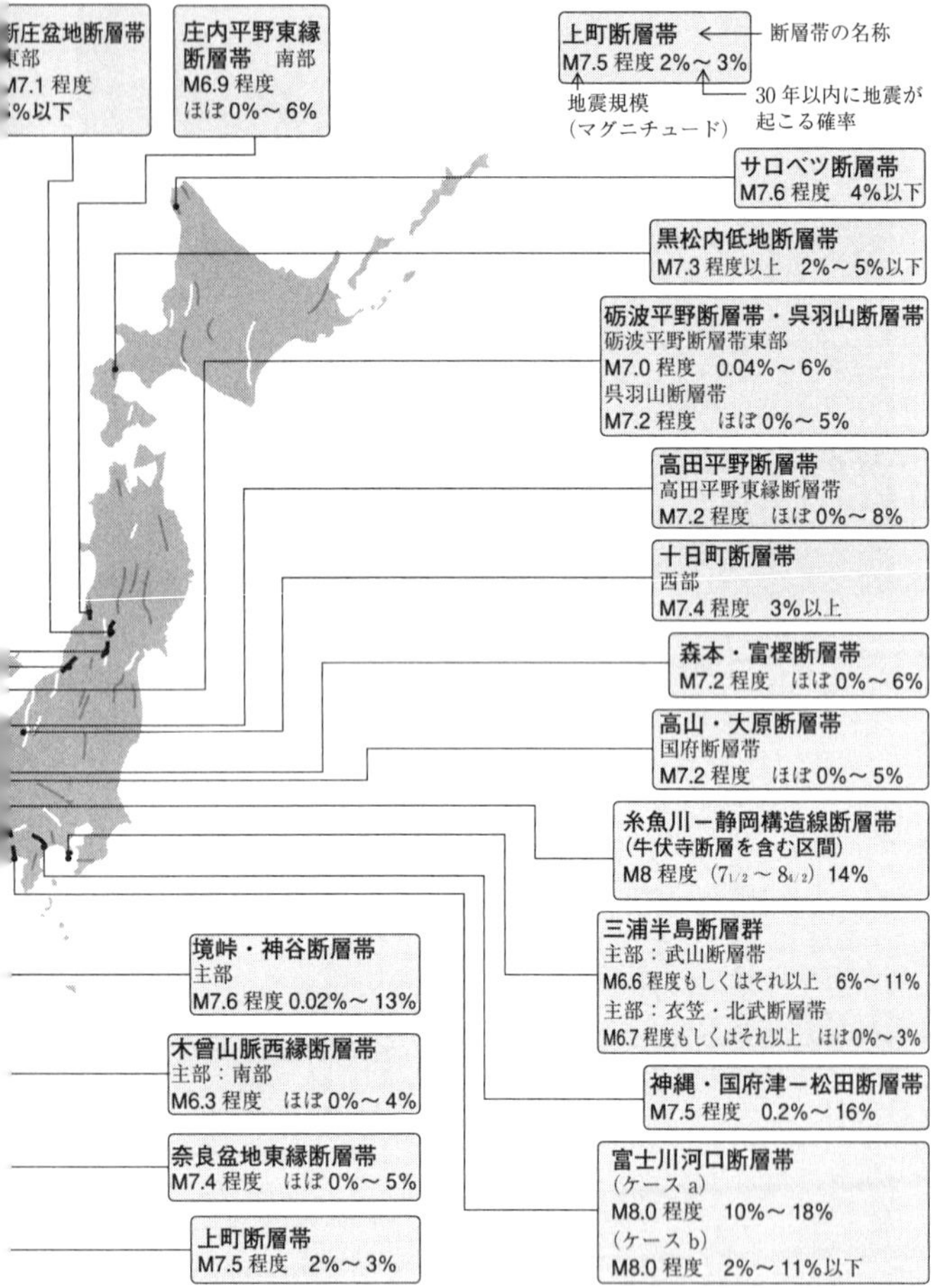

庄盆地断層帯
部
M7.1 程度
%以下
庄内平野東縁断層帯　南部
M6.9 程度
ほぼ 0%～ 6%
上町断層帯
M7.5 程度 2%～ 3%
断層帯の名称
地震規模
（マグニチュード）
30 年以内に地震が起こる確率
サロベツ断層帯
M7.6 程度　4%以下
黒松内低地断層帯
M7.3 程度以上　2%～ 5%以下
砺波平野断層帯・呉羽山断層帯
砺波平野断層帯東部
M7.0 程度　0.04%～ 6%
呉羽山断層帯
M7.2 程度　ほぼ 0%～ 5%
高田平野断層帯
高田平野東縁断層帯
M7.2 程度　ほぼ 0%～ 8%
十日町断層帯
西部
M7.4 程度　3%以上
森本・富樫断層帯
M7.2 程度　ほぼ 0%～ 6%
高山・大原断層帯
国府断層帯
M7.2 程度　ほぼ 0%～ 5%
糸魚川ー静岡構造線断層帯
（牛伏寺断層を含む区間）
M8 程度（7 1/2 ～ 8 1/2）14%
三浦半島断層群
主部：武山断層帯
M6.6 程度もしくはそれ以上　6%～ 11%
主部：衣笠・北武断層帯
M6.7 程度もしくはそれ以上　ほぼ 0%～ 3%
神縄・国府津ー松田断層帯
M7.5 程度　0.2%～ 16%
富士川河口断層帯
（ケース a）
M8.0 程度　10%～ 18%
（ケース b）
M8.0 程度　2%～ 11%以下
境峠・神谷断層帯
主部
M7.6 程度 0.02%～ 13%
木曽山脈西縁断層帯
主部：南部
M6.3 程度　ほぼ 0%～ 4%
奈良盆地東縁断層帯
M7.4 程度　ほぼ 0%～ 5%
上町断層帯
M7.5 程度　2%～ 3%

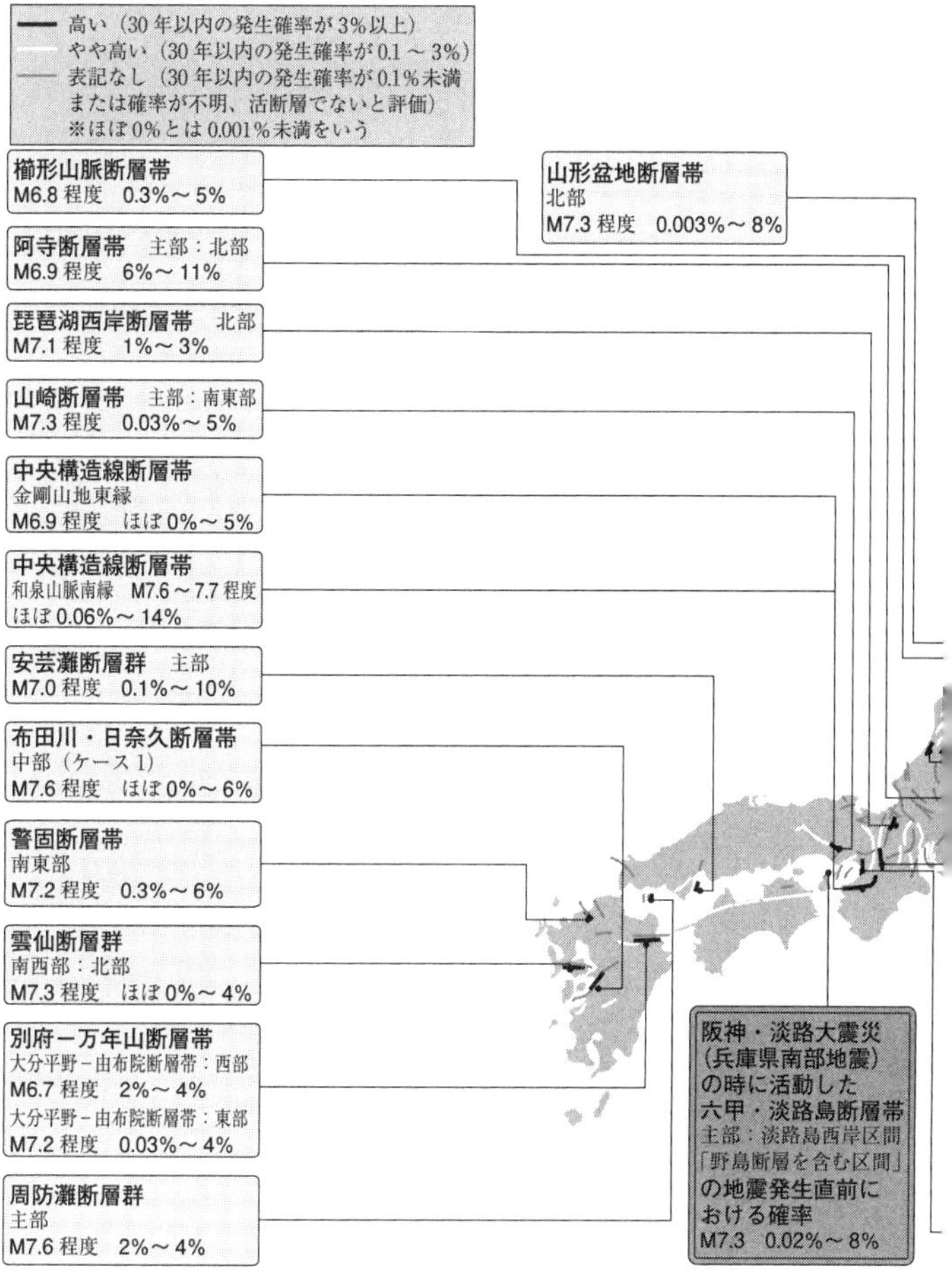

図1-16 今後30年以内に活断層で起きる地震の予想発生確率（長期予測）。Mは地震の規模を示すマグニチュード。地震調査研究推進本部の資料による。

す心配があります。というのは、過去にも大地震が発生したあとに、内陸部の活断層が活発化し直下型地震を起こした例が、たくさん報告されているからです。

第二次世界大戦中の1944年(昭和19年)、名古屋沖で昭和東南海《とうなんかい》地震が起きた1カ月後に、愛知県の内陸で直下型の三河地震が発生しました。三河地震はM6・8という大型の地震で被害も大きかったのですが、第二次世界大戦中のため、国民の戦意低下を心配した結果報道規制が行われ、被害規模やくわしい情報が伏せられました。

また、1896年(明治29年)に東北地方の三陸沖で起きた明治三陸地震の2カ月半後に、秋田県と岩手県の県境で陸羽《りくう》地震が発生しています。陸羽地震はマグニチュード7・2の直下型地震で震源付近の揺れが激しく、建物の4割以上が全壊しました(図1-17)。

なお、明治三陸地震はM8・¼の巨大地震ですが、陸上での揺れは震度4とさほど大きくありませんでした。しかし、巨大津波が発生した結果、流出・全半壊した家屋は1万戸以上にのぼり、2万人を超える犠牲者が出る巨大災害となりました。

三河地震と陸羽地震はいずれも海で巨大地震が発生したあとに、何百キロメートルも離れた内陸で起きた直下型地震でした。このタイプの地震は、海にある震源域の内部で発生したものではなく、新しく別の場所(陸地)で「誘発」されたものです。すなわち、先ほ

図1-17 1896年の陸羽地震の被災写真。国立科学博物館のホームページによる。

ど述べた余震とはメカニズムがまったく異なるのです。

今回もM9という巨大地震の発生後、遠く離れた地域の地盤にかかる力が変化したため、長野県北部地震を始めとする余震が誘発されました。内陸性の直下型地震は、これからも時間をおいて突発的に起きる可能性があります。先に述べたような太平洋上の震源域で起きる「余震」だけではなく、日本列島の広範囲でM6~7クラスの地震が、これからも10年という単位で誘発される恐れがあるのです。

日本はこれまでさまざまな大震災を経験してきましたが、被害の内容は地震ごとに大きく異なることも知っておいていただき

図１－18 関東大震災による万世橋駅付近の惨状。国立科学博物館のホームページによる。

たいと思います。たとえば、人が亡くなった原因を見てみましょう。

１９２３年（大正12年）に起きた関東大震災では、犠牲者の９割が地震後に起きた火災で亡くなりました（図１－18）。また、阪神・淡路大震災では、８割が地震直後に起きた建物の倒壊によって亡くなり、そして東日本大震災では92パーセントが巨大津波による溺死でした（第三章の章扉）。

どんな時刻に、どんな場所で、どんな地震に遭遇すれば、どんな死のリスクがあるのか、自治体の被害想定報告書などを参考に事前にシミュレーションすることをぜひお勧めします。

第二章
次に来る恐怖の大災害

1923年9月1日に発生した関東大震災によって屋根が焼け落ち外壁だけ残った新橋駅。

共同通信社による。

本章では、近い将来に起こることが確実視されている大災害を、「首都直下地震」「西日本大震災」「火山噴火」の三つに分けて紹介します。なぜこうした災害が起きてしまうのか、いつごろ、どういった被害がやってきそうなのか、本章で具体的に理解していただきたいと思います。

1 首都直下地震

†プレートのひしめく首都圏

東日本大震災の発生以来、首都圏では有感地震が頻繁に起きています。首都圏をなす東京・埼玉・千葉・神奈川の一都三県には、日本の全人口の約3割が集まり、名目GDPでも日本全体の32%にも達します。実は、この巨大都市圏では、後述するようにまったく異なる四つのタイプの地震が、それぞれ別個の時計を持って動いて破壊的な災害を起こす、と予測されているのです。

首都圏の直下には、プレートと呼ばれる岩板が3枚もひしめいています（図2-1）。

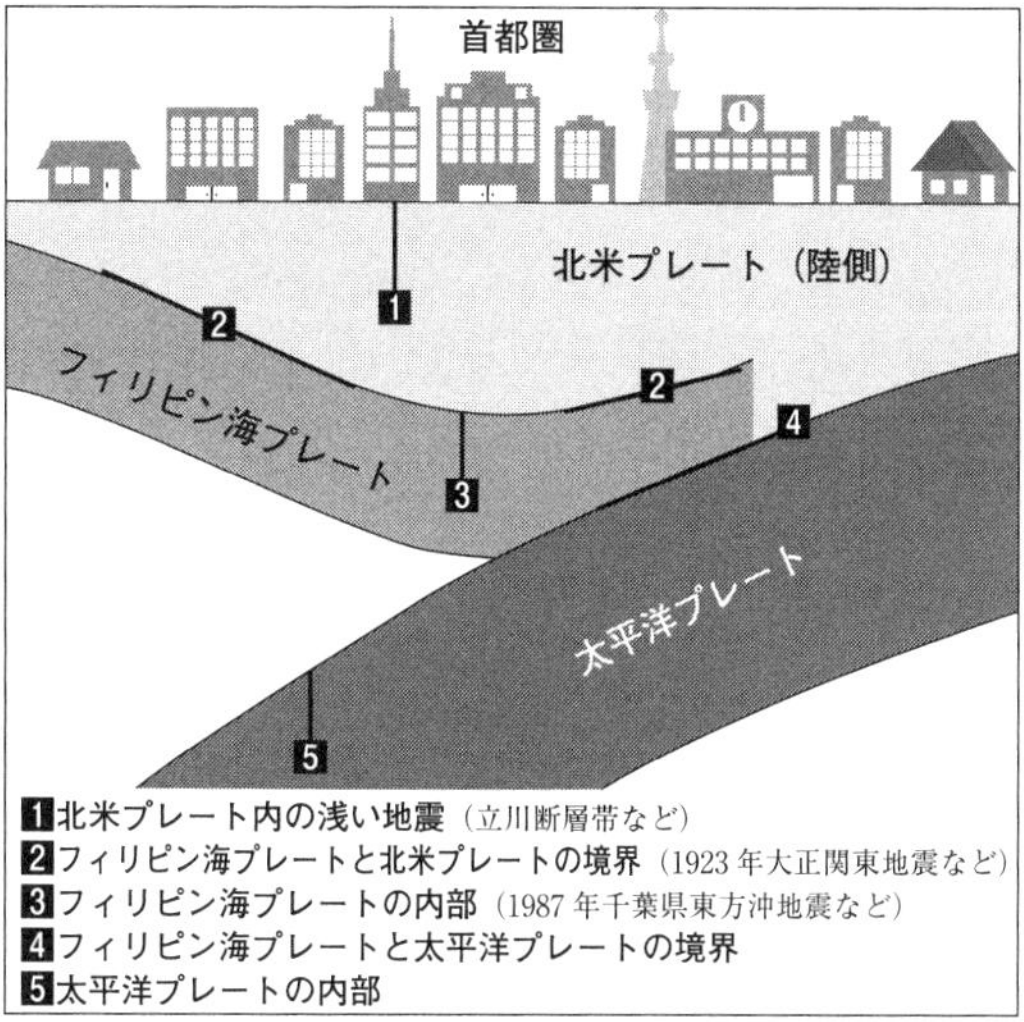

図2-1　首都圏の地下構造と、想定される地震の震源。地震調査研究推進本部の資料による。

首都圏は北米プレートという陸のプレートの上にありますが、その下にフィリピン海プレートという海のプレートがもぐりこみ、さらにその下には、太平洋プレートという別の海のプレートがもぐりこんでいるのです。

こうしたプレートの境界が一気にすべったり、また地下の岩盤やプレート内部が大きく割れたりすることで、さまざまなタイプの地震が発生します。

†首都圏で「震度7」が起きる

国の中央防災会議は、首都圏の直

下で発生する地震を具体的に予想してきました。たとえば、「東京湾北部地震」と呼ばれるM7・3の巨大地震が起きると、湾岸を中心に首都東部が震度6強の揺れに見舞われると想定されています。

その後、これまでの想定を上回る「震度7」の揺れが起きることが判明しました。というのは、地震を起こす場所である震源が、以前の想定よりも10キロメートルほど浅い地下20〜30キロメートルにあることが近年わかったからです（図2-1の境界2）。

震源が浅くなれば、同じ規模の地震でも地上ではもっと大きく揺れることになります。この結果、地盤が軟弱な東京23区の海沿いや多摩川の河口付近では、震度7が想定されるようになったのです。

なお、震度の階級では7が最大ですが、これまで1995年（平成7年）の阪神・淡路大震災、2004年（平成16年）の新潟県中越地震、2011年（平成23年）の東日本大震災で震度7が観測され、いずれも大災害をもたらしました（第一章の章扉写真を参照）。

実は、震度7の揺れは、震度6強とは大きく異なります。震度6強では固定していない家具が転倒しますが、震度7ではピアノやテレビが空中を飛んで壁に激突します。この中で人はまったく考えることも動くこともできず、ただうずくまっているだけです。

また、震度7が来ると、耐震補強のない木造住宅の多くは10秒ほどで倒壊します。震度6強と比べると倒壊する建物がざっと5倍ほど増えるのですが、特に1981年（昭和56年）の建築基準法が改正される前に造られた建物に注意していただきたいと思います。「震度6強の地震でも破壊されない」ことを目指した建築基準法の施行以後、耐震性は大きく向上しました。よって、これ以後にできた建物は阪神・淡路大震災や東日本大震災でもほとんど倒壊しませんでした。

一方で、震度7に引き上げられると、倒壊率は急上昇するのです。たとえば、震度7では1981年以前に建てられた建物の6割以上、また1961年（昭和36年）以前に建てられた建物の8割以上が全壊する、という試算があります。

これまで行われていた震度6強の想定では、東京湾北部を震源とする地震が起きると、犠牲者11000人、全壊・焼失建物85万棟、経済被害112兆円、とされてきました。また約700万人が避難し、そのうち460万人が避難所生活を余儀なくされると試算していました。

これでも巨大な災害ですが、これらは震度7用に根本的に見直し、上方修正しなければなりません。ちなみに、東日本大震災の発生直後に震度5強を被った東京周辺では、51

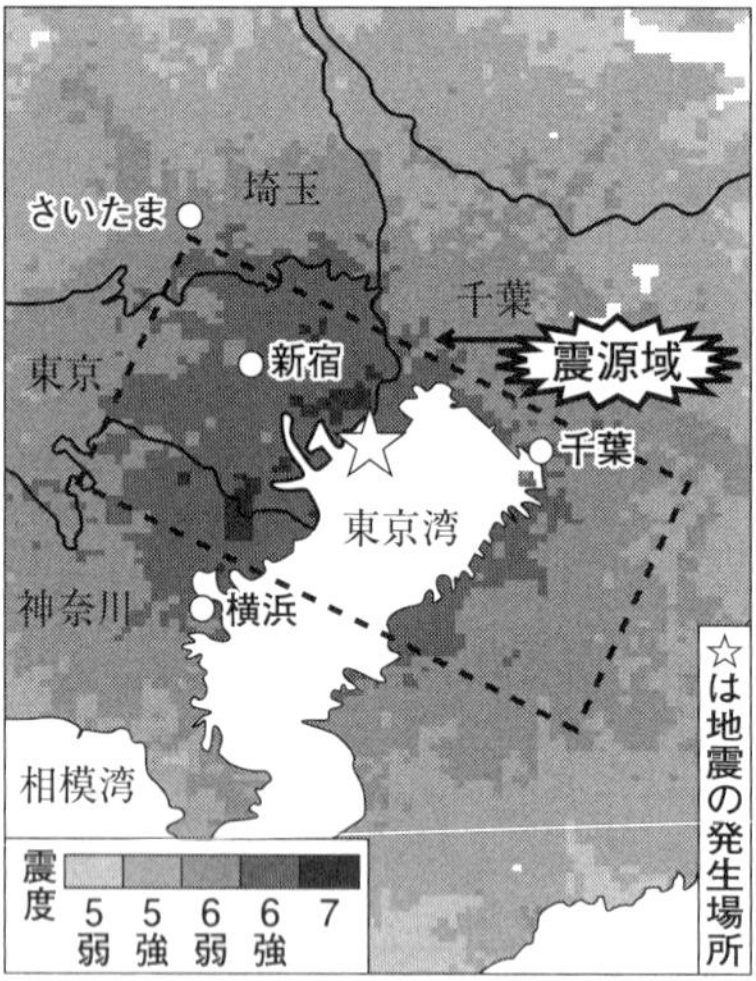

図2－2　首都直下地震の一つ「東京湾北部地震」の震度予想分布図。四角形は地下の震源断層の位置を示す。東京都東部や神奈川県北部に震度7の範囲が見られる。文部科学省の資料による。

5万人の帰宅困難者が発生しましたが、震度7ではどれほど過酷な事態に至るか、想像もつきません（図2－2）。

「3・11」以後、首都圏の地下で起きる地震活動が、明らかに活発化しています。東日本大震災の前と比べると、地震の発生頻度は3倍に跳ね上がり、文部科学省が発表したように「いつ発生しても不思議でない」状況となっているのです。

†首都圏で発生する四つの地震

ここからは、首都圏で発生するまったく異なる四つのタイプの地震を、順番に見ていき

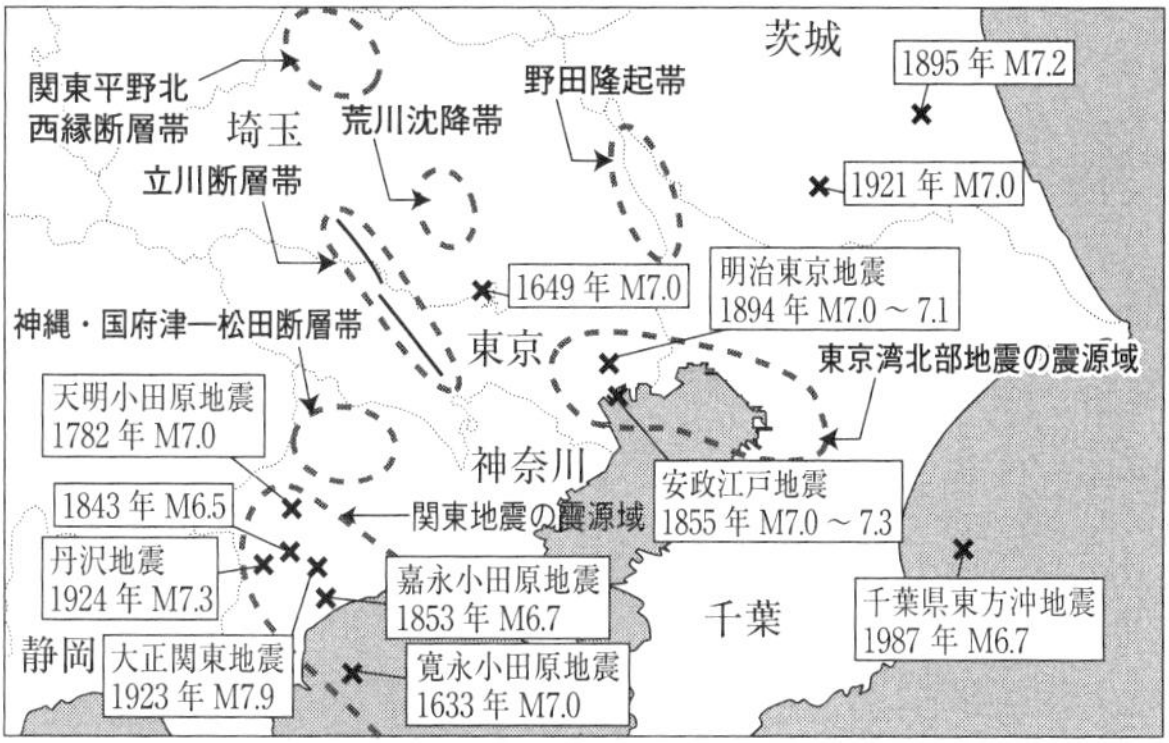

図2－3　関東南部の活断層と、過去に起きた大地震の震源。Mはマグニチュード。中央防災会議の資料による。

ましょう。

第一のタイプは、東京の下町付近の地下で起きる地震です。「東京湾北部地震」と呼ばれるもので、北米プレートとフィリピン海プレートの境界で起きる地震です（図2－1の境界2）。23区東部の沿岸域を中心に、最大震度7の激しい揺れをもたらします（図2－2）。この地域はもともと地盤が弱いので、地盤が比較的良い東京の西部地域とは違って、建物の倒壊などの大きな災害が予想されるのです。

地球科学には「過去は未来を解く鍵」という言葉があり、かつて発生した地震から将来の災害予測を行ってきました（図2－3）。

たとえば、東京湾の北部では、幕末の1855年（安政2年）に安政江戸地震（M7・0〜

7・1）が発生し、4000人以上の犠牲者を出しました。こうした「過去に起きた負の実績」から、将来起きるとされる東京湾北部地震の被害想定の数字を出しているのです。

†「満期」になった活断層

首都直下地震で二番目に懸念される地震のタイプは、関東平野の陸上にある「活断層」が動くものです（図2‐1の実線1）。東京都府中市から埼玉県飯能市にかけて、長さ33キロメートルの「立川断層帯」があります（図2‐3）。ここで予想される地震の規模はM7・4で、東京西部の人口密集地帯を大揺れが襲うと6300人の死者が出ると予想されています。

立川断層帯で今後30年以内に地震が発生する確率は0・5～2％です。これは、一生のうちに台風（0・5％）や火災（2％）で被害を受ける確率と近いので、その頻度に対するイメージが得られるのではないでしょうか。

また、立川断層帯は1万5000年から1万年の周期で動いてきましたが、最後に動いた時期は2万年前から1万3000年前です。地質学者が一生懸命に調べても、地下の現象はこうした大きな誤差を含む状態でしかわからないものです。

確かなことは言えないのですが、立川断層帯は最後に大地震を起こしてから一サイクルの周期が過ぎているようにも見えます。銀行預金に例えれば、「満期」に近い状態で、いつでも下ろせる状態なのです。こんな預金は誰も下ろしたくはありませんが、これが「日本列島の掟《おきて》」であるからには、甘んじて受ける他はありません。

東日本大震災以来、こうした内陸にある活断層の活動度も高まっています。というのは、既に述べたように「3・11」を境として、東日本全体の地盤が東西方向へ引っ張られるようになりました（図1－12と図1－13を参照）。つまり、以前とは異なる余分な力が地面にかかるようになったため、首都圏の活断層も動きやすくなったのです。

首都圏では、こうして活動が高まった活断層が他にもあります。神奈川県横須賀市にある「三浦半島断層群」は、30年以内の地震発生確率が6％～11％になりました（図1－16の右ページを参照）。ガンで死亡（6・8％）や交通事故で負傷（24％）する確率と比べると、どのくらいのものか見当がつくと思います。

三浦半島断層群の中にある武山《たけやま》断層帯は、1600年～1900年の周期で動いてきましたが、最後に動いた時期は2300年前～1900年前です。すなわち、立川断層帯と同様に、こちらも「満期」の状態と見なしても差しつかえないでしょう。

この他にも、「都心東部直下地震」、「千葉市直下地震」、「さいたま市直下地震」、「横浜市直下地震」（いずれもM6・9）など18パターンの地震が首都圏では想定されています。

さらに、首都圏北部の地下で新しく活断層が発見されたという報告があります。埼玉県南部の「荒川沈降帯」では長さ10キロメートルの断層が、また千葉と埼玉の県境にある「野田隆起帯」でも長さ10キロメートルの断層が埋もれているという調査結果が出ました（図2−3）。

いずれも8万年前以後に活動したもので、首都直下地震の要因の一つとして今後の研究が待たれます。これらは地震波を使って地下の状態をくわしく調べた結果わかったもので、沖積層という軟らかい地層に広く覆われている首都圏は、調査をすればするほど未知の活断層が見つかってくるのです。

大事なポイントは、こうした活断層が動く日時を前もって予知することは、現在の地震学ではまったく不可能だということです。言わば「ロシアン・ルーレット」状況にあるのですが、不意打ちに遭《あ》うのが当たり前、と覚悟して首都圏に住まなければならないのです。

†「海の巨大地震」の再来

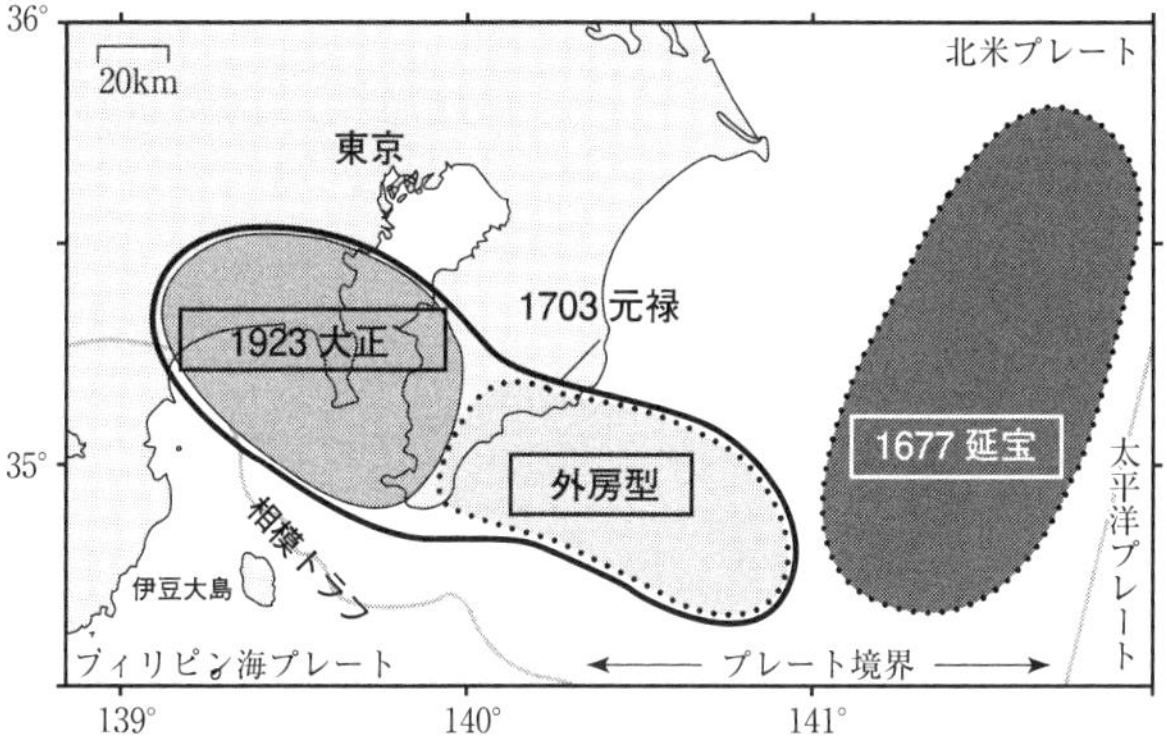

図2－4　大正関東地震と元禄関東地震の震源域とプレート境界。宍倉《ししくら》正展氏による図を改変。

壊滅的な被害をもたらす地震の第三は、関東大震災を引き起こしたタイプの「海の巨大地震」です。1923年（大正12年）に起きた大正関東地震（M7・9）の再来が心配されています（第一章の扉写真を参照）。

これは先に述べた直下型地震とは異なり、房総半島と伊豆大島の間を境とする二つのプレートがずれることによって発生するものです（図2－4）。すなわち、陸のプレートである北米プレートの下に、海のプレートであるフィリピン海プレートがもぐっている個所がずれるのです（図2－1の境界2）。プレートとプレートの境では普段は岩石が固着しているのですが、このような固着域が破壊されるときに、巨大地震が発生します。

この海底に「相模《さがみ》トラフ」という谷状の地形があるのですが、巨大地震を周期的に起こす元凶として注目されています（図2－4）。このタイプの地震が海底で起きると、最大2・3メートルの津波が東京湾に押し寄せ、また沿岸域では激しい液状化が起きると予想されています。

相模トラフは大正時代に関東大震災を起こしただけでなく、1703年（元禄16年）に元禄関東地震（M8・1）を起こしています。これは1万人以上の死者を出し、江戸の元禄文化を打ち砕いた巨大地震ですが、これまで政府の地震調査委員会は「大正型も元禄型も今後100年以内に発生する可能性はない」として地震対策から除外していました。

ところが、最近の研究で、房総半島の東側の沖合でも巨大地震が繰り返し起きていたことが判明し、首都圏に揺れと津波の両方をもたらす地震として考慮に入れる必要があることが判明しました（図2－4の「外房型」）。

事実、1703年の元禄関東地震では鎌倉に高さ8メートル、品川に高さ2メートルの津波が押し寄せています。東京湾に侵入した津波は、地震で破壊された堤防の隙間をぬってゼロメートル地帯を襲う恐れがあります（図2－5）。都心には網の目のように地下鉄が通っていますので、浸水対策が急がれるのです。

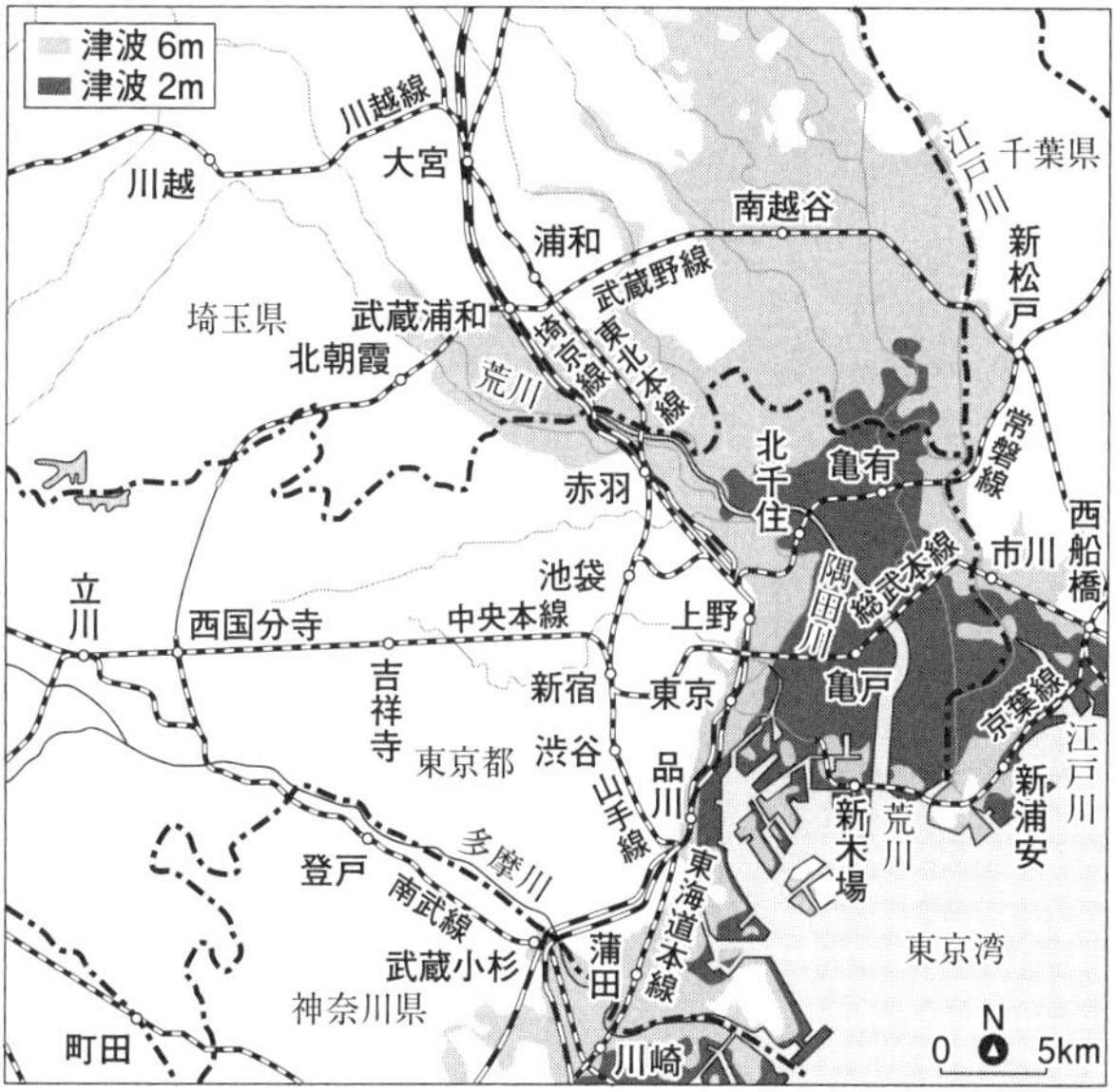

図2-5　高さ6mと高さ2mの津波によってそれぞれ水没する地域。内閣府の資料による。

東海地震は「三連動地震」に

首都圏に大被害をもたらす第四のタイプは、数十年前から問題になっている東海地震です。こちらは100年～150年の周期で発生していますが、前回の安政東海地震（1854年）からすでに160年近くも過ぎています。これこそ「満期」そのものと言って良い巨大地震ですが、もう一つ大きな心配が生まれています。

東海地震は単独で起きても

９２００人の死者、37兆円を超える経済被害と試算されていましたが、次回は東南海地震・南海地震と連動して起こることがわかってきました（次の節「西日本大震災」を参照）。これは「三連動地震」と呼ばれているものですが、ちょうど東日本大震災と同じＭ９クラスの巨大災害をもたらすと想定されています。

耐震性の低い建物を倒壊させるだけでなく、「長周期地震動」によって超高層ビルが何十分も大揺れする恐れもあるのです（１２０ページ参照）。こうした長周期地震動による揺れは、東日本大震災の時に発生したものの約3倍になる、と警告する地震学者もいます。

さらに、東海地震は海に震源域があるので、津波の被害を考えなければなりません。西向きに湾が開いている東京湾内に到達する津波は最大１・４メートルとなり、満潮時だと２・４メートルの津波が襲ってくる可能性があります。こうした東海地震・東南海地震・南海地震の三連動は、２０３０年代に起きると警告されています。くわしくは次の節で改めて解説しますが、私も２０４０年までには必ず起きると考えています。

「過去は未来を解く鍵」という観点から、現在は平安時代の中期と類似した変動期にあたります。日本列島の9世紀には、８６９年に東北沖で東日本大震災と同規模の貞観《じょうがん》地震が起こり、その18年後に東海地震・東南海地震・南海地震の三連動である仁和《にんな》地震が８８７

年に起きました（第二章の図2－18を参照）。ちなみに、富士山は同じ頃の864年に大噴火しています（貞観噴火、100ページ参照）。

こうした大地震の連鎖は、実は現在の状況ともよく似ています。すでに、1995年の阪神・淡路大震災や2008年の新潟県中越沖地震などM7クラスの直下型地震のあとで、東日本大震災が発生しました。もし平安時代と同じような経過をたどるとすると、これから三連動地震と首都直下地震が起きるとも考えられます。すなわち、21世紀は、1000年に1度という「巨大地震の世紀」として後世へ伝えられるかもしれないのです。

†「複合災害」を警戒せよ

首都直下地震の問題は、建物倒壊など直接の被害に留まらず、火災など複合的に巨大災害を引き起こす点にあります。被害予測図を見ると、下町と言われる東京23区の東部では、地盤が軟弱なために建物の倒壊などの被害が強く懸念されています（図2－6の上）。これに対して、東京23区の西部は東部に比べると地盤は良いのですが、木造住宅が密集しているために大火による災害が心配です。これは木造住宅密集地域（略して木密《もくみつ》地域）と呼ばれています。

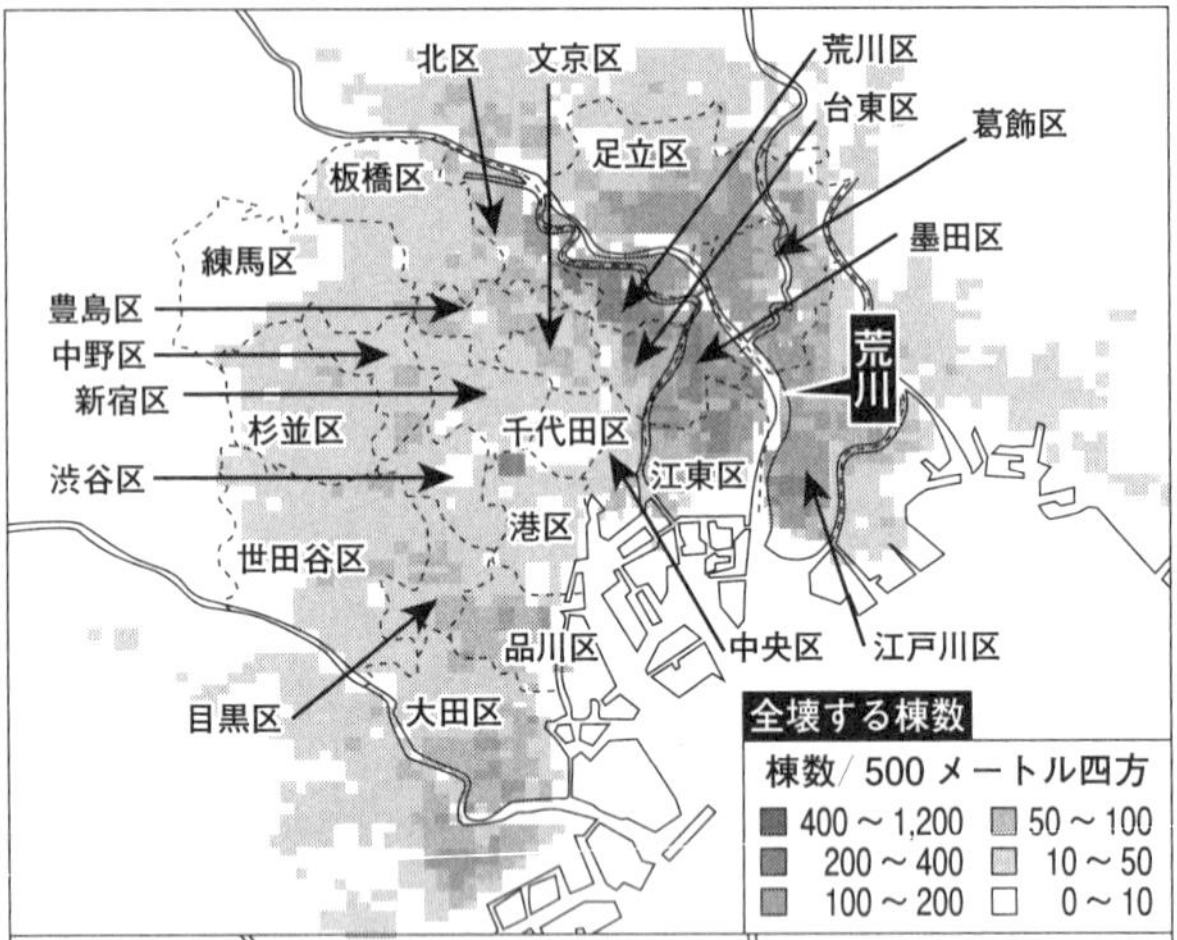

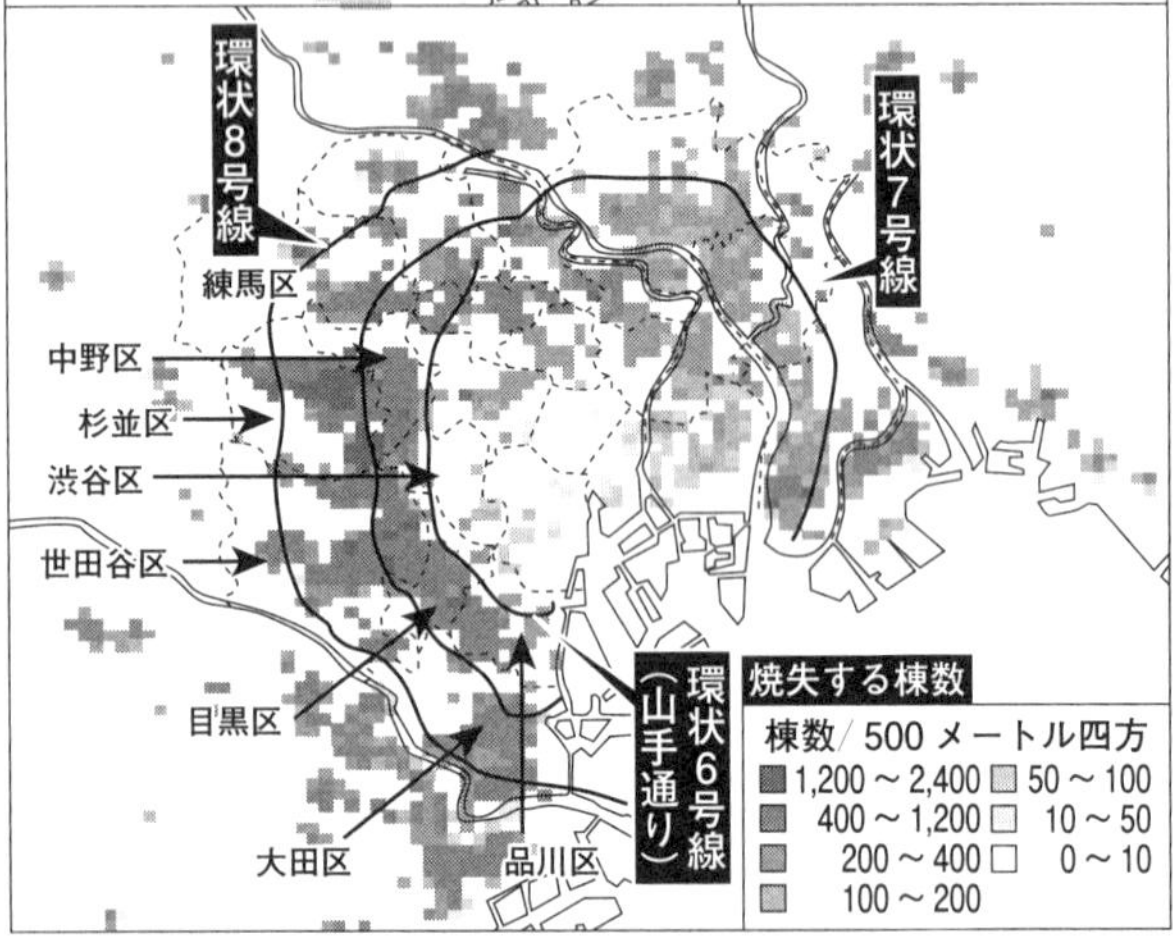

図2-6 想定される首都直下地震による全壊棟数の分布（上図）と焼失棟数の分布（下図）。内閣府の資料による。

図2－7　関東大震災による浅草付近の焼け跡。国立科学博物館のホームページによる。

たとえば、環状6号線と環状8号線の中に挟まれている、幅4メートル未満の道路に沿って古い木造建造物が密集する地域がもっとも危険です（図2－6の下）。事実、関東大震災の時にも、犠牲者10万人のうち9割が火災による犠牲者でした（図2－7）。

地震直後には至るところで火災が発生し、短時間に燃え広がります。その後、上昇気流によって竜巻状の巨大な炎を伴う旋風が発生します。「火災旋風」と呼ばれるものですが、大都市の中心部ではビル風によって次々に発生し、地震以上の犠牲者を出す恐れがあるのです。こうなると事実上、消火活動はまったく不可

図2－8　1995年の阪神・淡路大震災で起きた液状化による噴砂。穴から砂を含む泥水が噴き上げた。鎌田浩毅撮影。

能となってしまいます。

　もう一つの問題は、首都圏の脆弱な地盤が、強震による被害をさらに増大させることです。たとえば、葛飾区や江戸川区の地下には、沖積層《ちゅうせきそう》と呼ばれる若くて軟らかい地層が厚くたまっています。こうした沖積層は水分を多く含むためたちまち「液状化」を起こし、泥水を噴き上げて田んぼのようになります（図2－8）。

　ここで液状化について簡単に説明しておきましょう。地面は砂粒・水・空気などでできており、普段は砂粒がかみあって安定しています（図2－9）。

　ところが地震によって強く揺すられると、砂粒のかみ合いがはずれてバラバラになります。この結果、砂粒が沈んで、砂まじりの水が噴き出してくるのです。

　これを地面の裂け目から噴き出す「噴砂」と言いますが、地震の揺れの直後から発生します。液状化は、海岸や川のそばの地盤がゆるい場所で起き、建造物を傾かせ、地盤沈下を起こします。また、マンホールなど地中に埋積されたものが地上に浮き上がり、道路が使えなくなります。

　さらに、強度を失った地盤は、地形の微傾斜にそって横方向へずるずると大規模に流動することがあります（図2－10）。「地盤の側方流動」というきわめて破壊的な現象ですが、建物ごと何十メートルも水平にゆっくりと移動するのです。

　下町の海抜ゼロメートル地帯では、地盤の側方流動によって川の堤防がズタズタに決壊されるでし

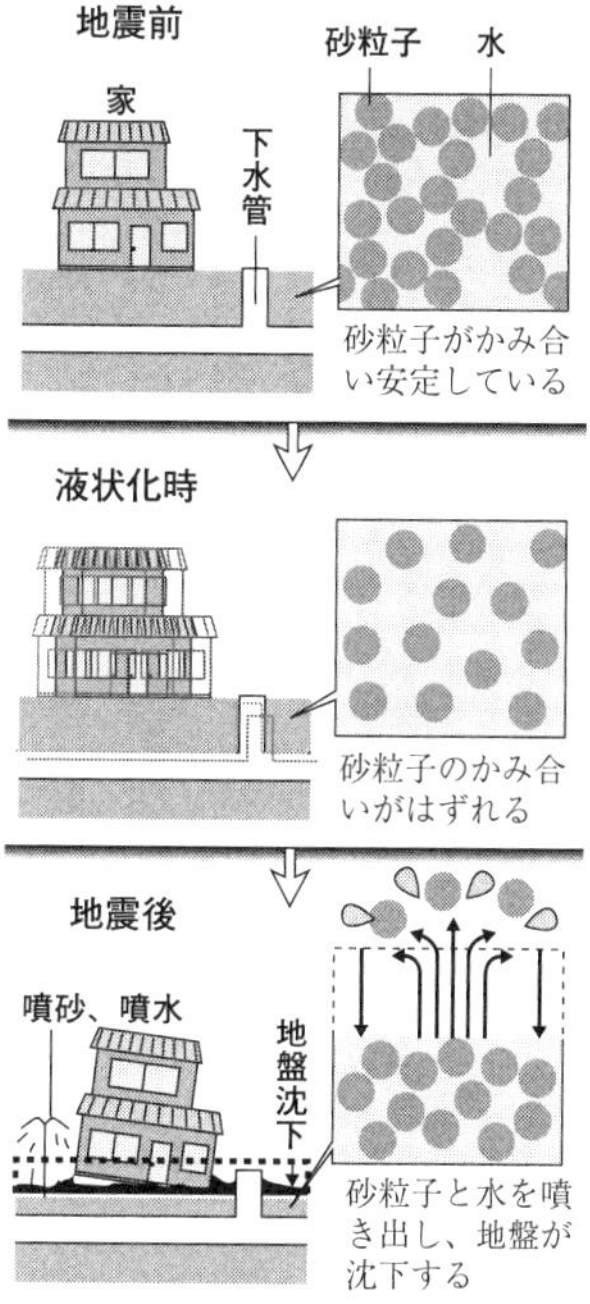

図2－9　液状化が起きるしくみ。朝日新聞による図を改変。

図2-10 1995年に発生した阪神・淡路大震災の液状化と地盤の側方流動による被害。鎌田浩毅撮影。

ょう。侵入した水は低所を目指して一気に流れ込むので、一刻も早く高所へ避難しなければなりません。

こうした被害予測は、東京都や内閣府の防災ホームページでハザードマップとして公表されていますので、ぜひ確認していただきたいと思います。

2 「西日本大震災」

†連動型の超巨大地震

私たち地球科学者が次に心配している地震は、静岡県から宮崎県までの太平洋沿岸で起きる「海の巨大地震」です。ここには

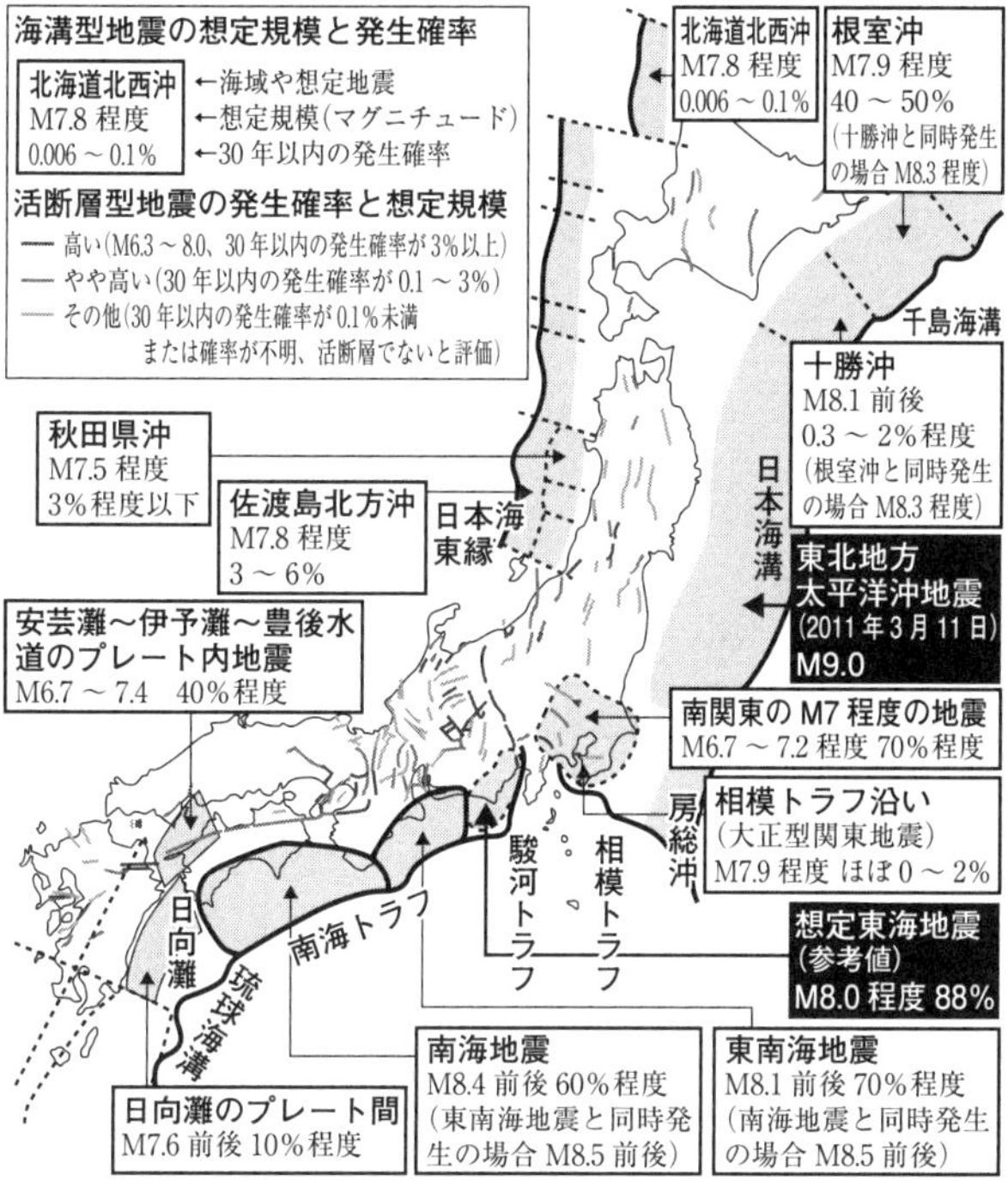

図 2 -11 日本各地で想定されている大型地震と発生可能性の長期評価。地震調査研究推進本部による。

南海トラフと呼ばれる海底の大きな溝状の谷があります（図２－11）。南海トラフは海のプレートが無理やり沈み込むことによってできた巨大な窪地で、これに沿って海底に広大な「地震の巣」、すなわち震源域があるのです。

震源域は東西方向へ７００キロメートルにわたり三つの区間に分かれています。これらは東海地震・東南海地震・南海地震と呼ばれる大地震にそれぞれ対応し、首都圏から九州までの広域に被害を与えると予想されているのです。

こうした南海トラフ沿いのマグニチュード８クラスの巨大地震発生には、90～１５０年おきという周期性があることもわかっています（図２－12の斜字体の数字）。

ここで巨大地震の起き方について、具体的に過去の事例を見てみましょう。前回は第二次世界大戦の終戦前後ですが、昭和東南海地震（１９４４年）と昭和南海地震（１９４６年）が２年の時間差で発生しました（図２－12の右欄の数字）。

また、前々回は幕末の時期で、１８５４年（安政元年）に同じ場所が１日半（32時間）の時間差で活動しました。さらに、３回前の江戸時代中期の１７０７年（宝永《ほうえい》四年）には、三つの場所が数十秒のうちに活動したと考えられています。

このように東海地震、東南海地震、南海地震の三つの震源域は、時間差を持ちながら活

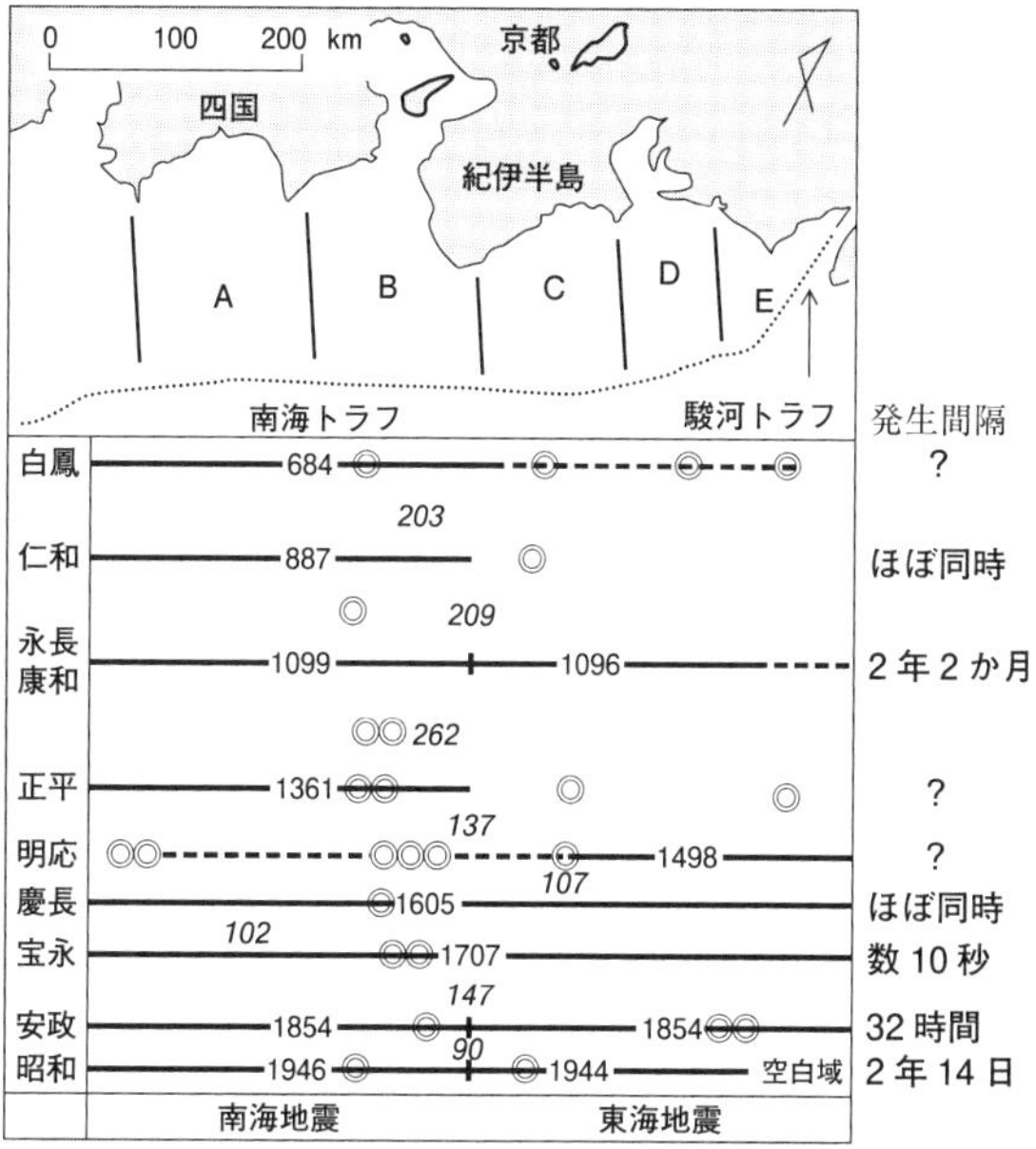

図2-12 南海トラフと駿河トラフ沿いで起きた海溝型の巨大地震。東海地震・東南海地震・南海地震を発生した震源域は、AからEまでの5つの部分に分かれている。西暦年であらわしたものは古文書の記録から判明した地震の発生年、また二重丸印は考古遺跡で発見された地震の痕跡を示す。斜体の数字は巨大地震の発生間隔（年）を示す。平田直氏による図を改変。

動することがわかっています。また、地震が起きる順番としては、名古屋沖の東南海地震↓静岡沖の東海地震↓四国沖の南海地震という順で起きると予測されています。なお、起きる順番は決まっていますが、そのインターバルは2年から数十秒とまちまちであることにも注意していただきたいと思います（図2－12）。

こうした約百年おきに起きる巨大地震の中で、3回に1回はさらに大きな地震が発生したことが知られています。現在想定されている東海地震・東南海地震・南海地震もすでに巨大地震ですが、3回に1回起きるものは「超巨大地震」と言うべきかも知れません。その例としては、1707年に発生した宝永地震と、南北朝時代の1361年に起きた正平《しょうへい》地震があります（図2－12）。

実は、将来の日本列島で起きる巨大地震は、この3回に1回の番にあたります。すなわち、東海・東南海・南海の三つが同時発生する「連動型地震」という巨大災害を起こすシナリオなのです。

†西暦2030年代に起きる「西日本大震災」

ここで地震の規模を示すマグニチュードを見てみましょう。300年前に起きた連動型地震である宝永地震の規模は、M8・6を超えるものでした。また、仁和《にんな》地震についてはこ古文書《もんじょ》の記録からM9クラスであったと推定されています。つまり、東日本大震災に匹敵する規模の巨大地震が、今度は西日本で起きるのです。

こうした連動型地震の起きる時期について、過去の経験則やシミュレーションの結果から、地震学者たちは西暦2030年代には起きると予測しています。私自身も2040年までには確実に起きると思うので、テレビ・ラジオをはじめとして講演会や雑誌寄稿などありとあらゆる機会をとらえて皆さんへ警鐘を鳴らしています。

2030年代に起きるという予測は、以下のような事実から推定されています。

まず、南海地震が起きると太平洋岸の地盤が規則的に上下するという現象に注目します。南海地震の前後で土地の上下変動の大きさを調べてみると、1回の地震で大きく隆起するほど、そこでの次の地震までの時間が長くなる、という規則性があることに気づきます。これを利用すれば、次に南海地震が起きる時期を予想できるというわけです。

具体的には、高知県・室戸岬の北西にある室津《むろつ》港のデータを解析します。地震前後の地盤の上下変位量を見ると、1707年の地震では1・8メートル、1854年の地震では1・2メートル、1946年の地震では1・15メートル、それぞれ隆起したことがわか

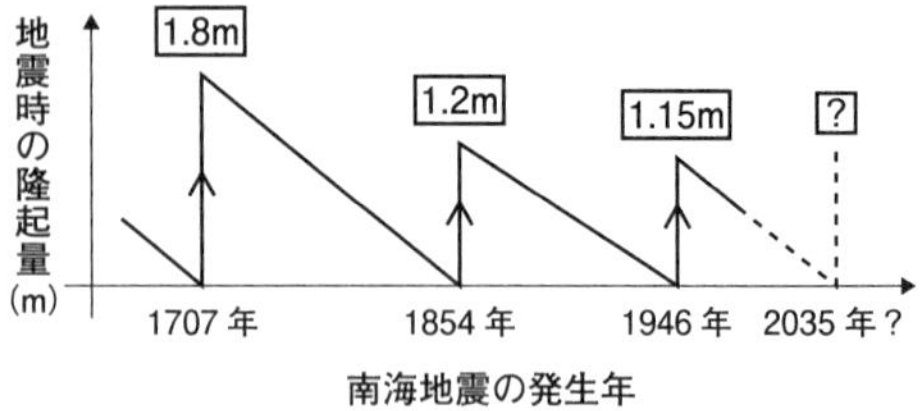

図2-13 南海地震の発生による地盤の隆起量と発生年代。高知県・室津港は南海地震のあとでゆっくりと地盤沈下が始まって、次の南海地震が発生すると今度は大きく隆起する。この図からは次に南海地震が2035年の付近に起きることが推定される。

りました（図2－13）。

すなわち、室津港は南海地震のあとでゆっくりと地盤沈下が始まって、港は次第に深くなりつつあるのです。そして、南海地震が発生すると、今度はいっぺんに大きく隆起します。その結果、港が浅くなって漁船が出入りできなくなるのです。こうした現象が起きていたことから、江戸時代の頃から室津港で暮らす漁師たちは、港の水深を測る習慣がついていたのです。まさに生きるための知恵でした。

このようなデータは、海溝型地震による地盤沈下からの「リバウンド隆起」とも呼ばれています。１９４６年のリバウンド隆起は１・１５メートルでした。得られたデータから次に南海地震が起きるのは２０３５年頃と予測されます（図２－13）。

二番目には、地震の活動期と静穏期の周期から次の巨大地震の時期を推定する方法です。

西日本では交互に活動期と静穏期がやってくることがわかっており、現在は活動期にあります。たとえば、1995年の兵庫県南部地震（阪神・淡路大震災）の発生は活動期に入った一例です。

南海地震発生の60年くらい前と、発生後の10年くらいの間に、西日本では内陸の活断層が動き、地震発生数が多くなるのですが、これを利用して次に来る南海地震を予測します。

まず、過去の活動期の地震の起こり方のパターンを統計学的に求め、それを最近の地震活動のデータにあてはめてみると、次の南海地震は2030年代後半になると予測されました。過去の地震の繰り返しを基にして、これまで観測された地震活動の統計モデルから次の南海地震が起こる時期を予測すると、2038年頃になります。

ちなみに2038年頃という年代は、前回の南海地震からの休止期間を考えても妥当な時期と考えられます。前回の活動は1946年であり、前々回の1854年から92年で発生しました。これは、南海地震が繰り返してきた単純平均の間隔が約110年であることから見ると少し短い間隔です。しかし、今後も最短で起きるという前提で準備することにすると、1946年に最短の92年を加えると2038年となるので、可能性の高い数字ではあるのです。

こうした複数の種類のデータを用いて予測された次の南海地震の発生時期は、2030

年代と予測されます。京都大学前総長で地震学者の尾池《おいけ》和夫氏も2030年から2040年には起こると推定しています。したがって、2030年以降からはいつ起きてもおかしくない状態になる、と考えて準備するのが賢明ではないかと私は考えています。

†日付までは予知できない

ここで述べた予測は、科学的データに基づいて行われたものであり、週刊誌やテレビでよく報道される「予言」とはまったく異なります。これらのメディアでは何月何日に大地震発生などと予言していますが、現在の地震学では、日付まで予知することはまったく不可能です。まず、「何月何日」という予言はすべて根拠のないもの、と考えて差しつかえありません。

もともと地震現象はピンポイントで予測できるものではないのです。科学的根拠のない予言と断定する理由が、そこにあります。さらに西暦何年に必ず起きると「年」まで特定して予測することも、同様にできません。

先ほど、地震活動の統計モデルから次の南海地震が起こる時期を2038年頃と書きましたが、これはコンピュータ・シミュレーションによってこうした年単位の数字が出るだけで、2038年という年号を確定したわけでは決してないのです。

かつて私が講演会で2030年から2040年には起こるだろうと述べると、「では2029年の12月31日までは大丈夫ですか？」と質問してきた方がいました。もちろん、2030年代という予測にも誤差があるので、その前に起きても不思議はないのです。確率的には2030年から起きる可能性がきわめて高いことを念頭に置いて準備してください、と私たち専門家はメッセージを発しているのです。

地球科学では、シミュレーションによって比較的細かい数字が出されることもありますが、実際には大きな誤差を伴っていることを理解していただきたいと思います。

一方、世界の変動帯でこれほど次の巨大地震が予測できるケースは他にはない、と言っても過言ではありません。その意味では、2030年代というのは非常に貴重な情報なので、ぜひ活用していただきたいと願っています。

†東日本大震災を凌駕する規模

巨大地震のタイムリミットの期限は、今から約20年後に始まります。そのときに、読者の皆さんは何歳になっているでしょうか。ぜひ家族や知人や同僚の人たちと確認し合っていただきたいと思います。

東海・東南海・南海の三連動地震が起きたら日本経済は破綻する、と予測する専門家も少なからずいます。もし、東南海地震のあと短時間で東海地震が首都圏を直撃した場合には、国家機能が麻痺する恐れすらあります。あまりにも広域で災害が起きるため、周辺地域からの救援や支援は甚だしく遅れることにもなるでしょう。

ここで大事なポイントを指摘しておきます。南海トラフで起きる巨大地震の連動は、今回の東日本大震災が誘発するのではなく、まったく独立に起きるということです。というのは、南海トラフ沿いに起きた巨大地震の過去5回程度の記録を見ると、独自の時間的な規則性があるからです。したがって、「3・11」とは関係なしに、南海トラフ上のスケジュールに従って2030年代に起きる、と私たち専門家は予測しているのです。

†「五連動地震」のメカニズム

三連動地震の震源域は、南海トラフ沿いに700キロメートルもの長さがあります。これは、東日本大震災を起こした震源域と同規模の巨大なものです（図2-11）。

最近、もう一つ西の震源域が連動する可能性があるという新しい研究結果が出ました。

1707年（宝永4年）には、南海トラフとその南に続く琉球海溝との接続部で規模の大きな地震（宝永地震）がありました。そのときに、南海地震の震源域のすぐ西に位置する日向灘《ひゅうがなだ》（宮崎県沖）の震源域も連動したのです（図2－14の下図）。

また、四国・近畿圏の沖合で、南海トラフのすぐそば（北側）を震源とする地震が起きていたこともわかってきました。これは、東海地震・東南海地震・南海地震の震源域のすぐ南側にあたり、巨大な津波が発生する場所でもあります。

この震源域は、これまで東海地震・東南海地震・南海地震が起きてきた場所よりも浅い位置にあります（図2－14の上図）。このように水深の少ない場所で岩板がずれると、上部にある海水を大きく持ち上げます。すなわち、地震の規模の割には大きな津波が発生するのです。

実際、東日本大震災でもこうした海溝に近い場所で地震が発生し、巨大津波となって太平洋岸を襲いました。これは東日本大震災のあとで初めてわかった貴重な新知見です。

このように研究が進展した結果、2030年代に予想されている巨大地震は、先に挙げた三連動地震に震源域が二つ加わった「五連動地震」となる恐れが出てきました。この場合には、震源域の全長は750キロメートルに達し、それまでの三連動地震の想定M8・

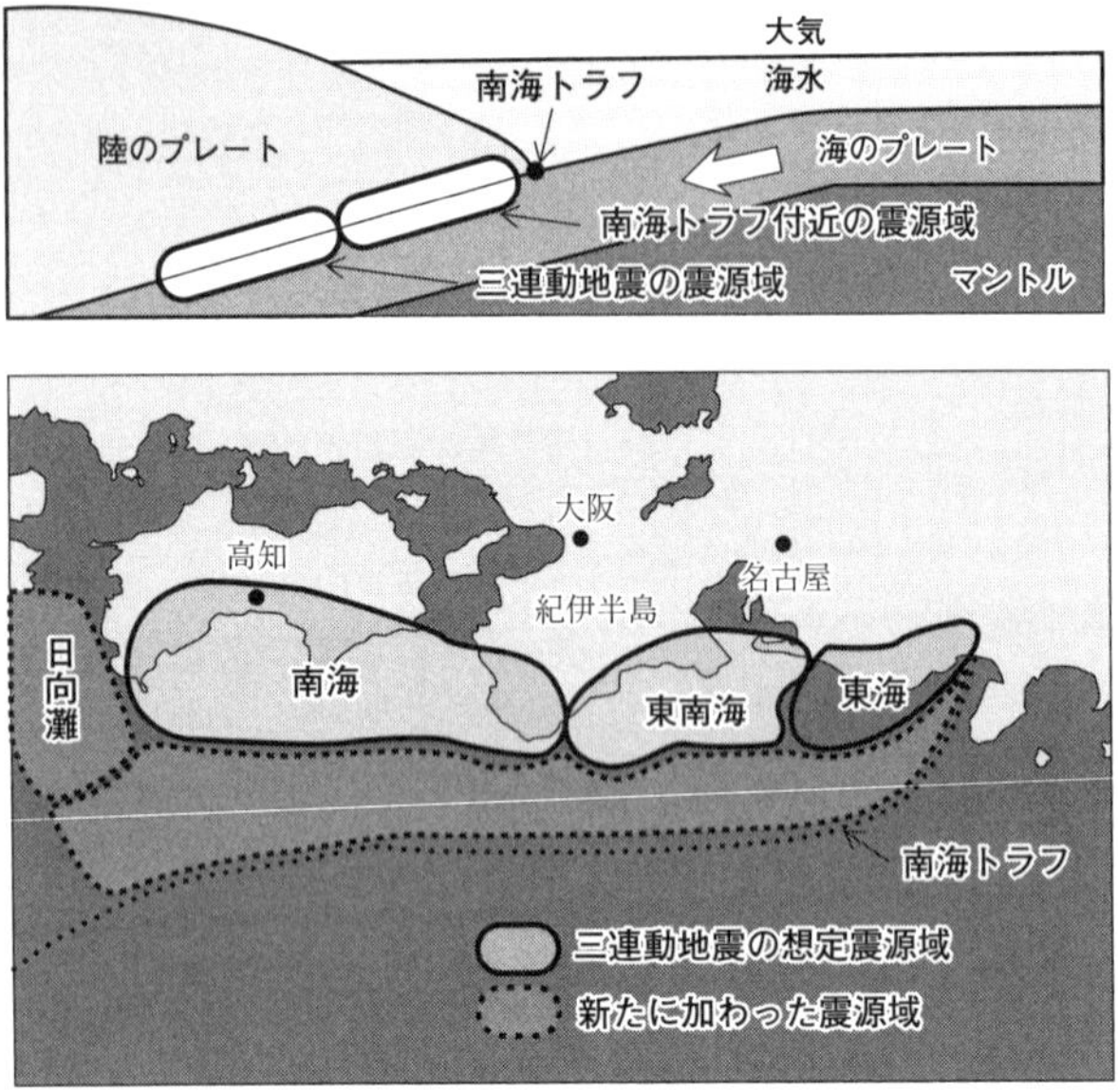

図2-14「西日本大震災」を起こすと予想されている五連動地震の震源域（下）と断面図（上）。

7を超えるM9台の超巨大地震となる可能性があります。すなわち、東日本大震災に匹敵するM9クラスの巨大地震が、次は西日本で起きるというわけです。

新しく想定された震源域の面積は11万平方キロメートルですが、これを過去の巨大地震の例と比べてみるとその大きさが良くわかります。

たとえば、東日本大震災（M9・0）では10万平方キロメートル、2004年にインド洋で起きたスマトラ島沖地震（M9・1）では18万平方キロメートル、2010年のチリ中部地震（M8・8）では6万平方キロメートルだったので、これらに劣らず広大な震源域が南海トラフ沿いに予想されていることになります。

断層で割れた岩盤の面積が大きければ大きいほど、発生する地震の規模が大きくなります。その結果、地上も大きく揺れ、建物や人に与える被害も大きくなるのです。

†南海トラフ巨大地震の被害想定

政府の中央防災会議は、次に西日本を中心に起きる大震災の被害想定を発表しました。それによると地震の規模はマグニチュード9・1であり、海岸に襲ってくる津波の高さは最大34メートルにもなります（図2－15の下図）。「3・11」と異なり、南海トラフは西日本の海岸に近いので、巨大津波はもっとも早いところではたった2分後にやってきます。

さらに、M9・1という巨大地震は、九州から関東までの広い範囲に震度6弱以上の大揺れをもたらします。特に、震度7をこうむる地域が10の県にあたる総計151市区町村に達することがわかりました（図2－15の上図）。

こうして震源域が広がると、強い揺れだけでなく大きな津波も発生します。コンピュー

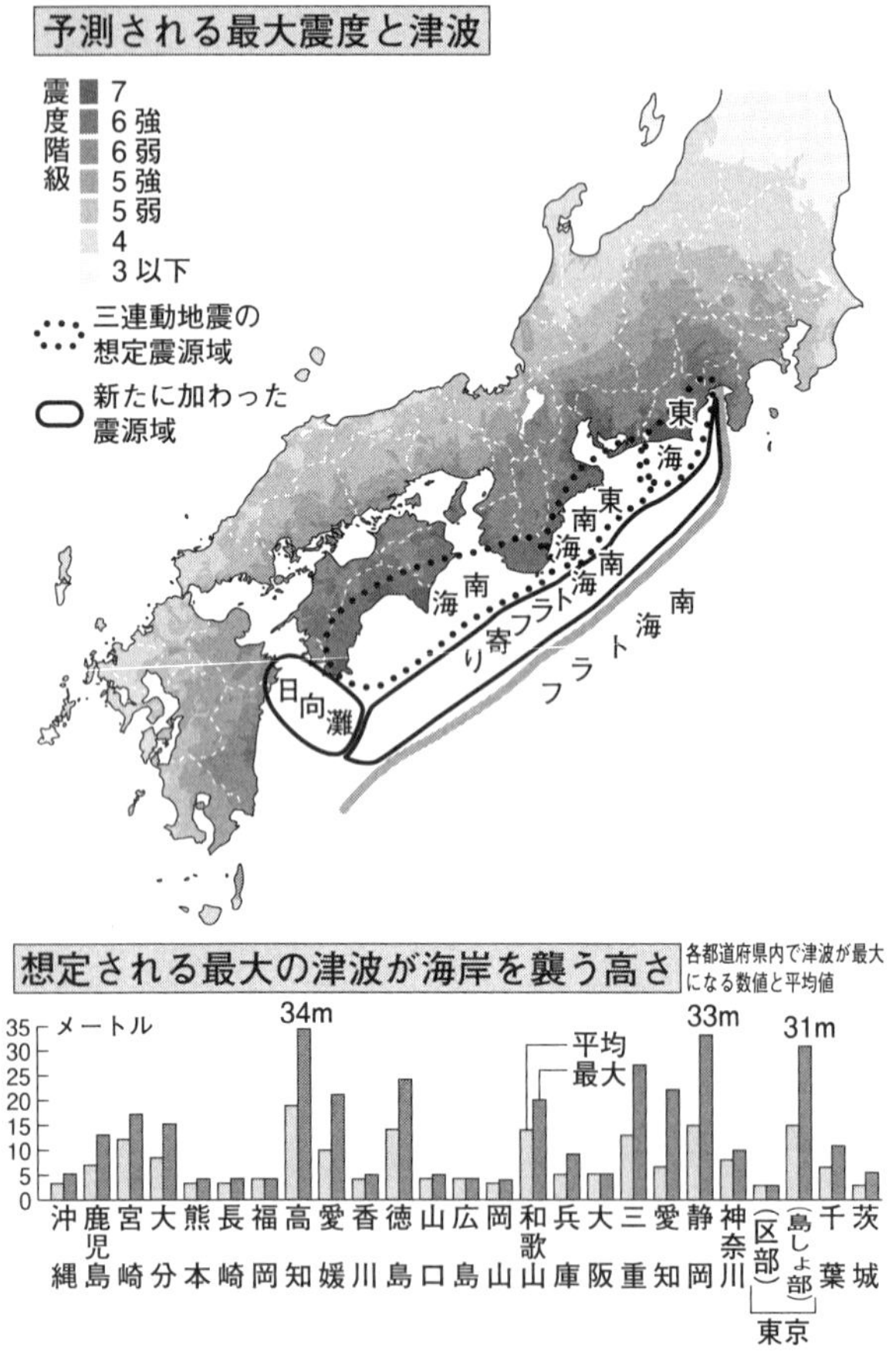

図2-15 西日本大震災で予測される最大震度と津波の最大高さの被害想定。中央防災会議の資料による。

タ・シミュレーションを行ってみると、最大20メートルを超える津波が予想されるのです。この結果、過去に行ってきた予測などすべての防災対策を、五連動地震用に見直さなければならないことがわかってきました。

この五連動地震は、「南海トラフ巨大地震」もしくは「西日本大震災」と呼ばれることがあります。これまでの震災は、発生した直後に命名されるものでしたが、五連動地震はそれが起きる前から甚大な災害規模が予測され、名前も付いている、という特異なものです。

私たち地球科学の専門家は、五連動地震が太平洋ベルト地帯を確実に直撃することを警告しています。被災する地域が日本の産業や経済の中心であることを考えると、西日本大震災は東日本大震災よりも一桁大きな災害になる可能性があるのです。

すなわち、またしても未曾有《みぞう》の巨大災害が日本を襲うことを意味しており、何千万人という人々が大きな影響を受ける可能性があるため、防災対策が早急に求められています。

内閣府の中央防災会議によれば、五連動地震による被害想定は犠牲者32万人、全壊する建物238万棟、津波によって浸水する面積は1000平方キロメートルとしています。

犠牲者32万人という予測は、関東大震災の犠牲者（10万人）の3倍、阪神・淡路大震災の犠牲者（6400人）の50倍、東日本大震災の犠牲者（2万人弱）の16倍にそれぞれ当たり、2004年のスマトラ島沖地震（28万人）を超える死者が出ることを意味しています。都道府県別に見ると、静岡県が10万9千人と最多の犠牲者が予想され、次いで和歌山県の8万人、高知県・三重県・宮崎県の4万人以上、となっています。

この数字は、想定される最大級の地震が冬の深夜に発生したシミュレーションによるものですが、とりわけ津波による死者が7割を占めることが注目されています。たとえば、西日本大震災は東日本大震災の約2倍の陸地面積が浸水すると想定されるのです（図2-16）。

さらに、経済的な被害総額に関しては少なくとも270兆円に達すると試算する専門家もいます。ちなみに、東日本大震災の被害総額の試算は20兆円〜25兆円くらい、GDPでは3〜4パーセントとされていますが、西日本大震災の被害予想はおおよそ10倍以上になるでしょう。

こうした巨大災害によって生みだされる深刻な状況は、かつてベストセラー小説に描かれたことがあります。二度にわたって映画化された小松左京のSF小説『日本沈没』で描写された世界ですが、それが現実のものとなる可能性があるのです。もっとも、地球科学

図 2-16 東日本大震災の地震と津波による被害で水に囲まれ孤立する集落（宮城県亘理町付近）。時事通信社による。

的には日本列島そのものが沈没することはありえませんが、日本国が機能しなくなるという巨大災害の状況は、決してフィクションではないのです。

国家予算の何倍もの被害をもたらす「超巨大地震」が今から控えているという事実を、国民全員でぜひ共有していただきたいと思います。日本人にとって最大の課題は、こうして予測された西日本大震災に対して、いかに力を合わせて迎え撃つか、なのです。

†東日本大震災でわかった三つの「想定外」

「3・11」以来、科学の世界に「想定外」という言葉が氾濫し、混乱を極めています。予測できなかったことをすべて「想定外」

と言って責任を回避しようとする傾向がある一方で、「安易に想定外と言うのは無責任だ」という反論も渦巻いています。この結果、科学は何も予測できないという不信感が生じてしまい、大事な科学的情報が伝わらなかったりする危機的な状況が生まれています。

地震災害に関して、私は三つの「想定外」があると考えます。

一つ目は、「3・11」のように想定していなかったM9の巨大地震が起きたことに関してです。われわれ地球科学者は、2004年にインド洋で起きたスマトラ島沖地震(M9・1)の存在を知っていました(第四章の図4-4を参照)。しかし、よもや日本列島の近くでM9の巨大地震が起きるとは予想だにしていませんでした。

確かに、西暦869年に宮城県の沖合で貞観地震という巨大地震が起きていましたが(図2-18を参照)、1100年も昔の地震が再来するとは予測できなかったのです。このように学界に「知識」としてはあったが、自分たちの生きている時代に起きるとは考えなかったことによって生じた悲劇が、「第一の想定外」なのです。

たとえば、東日本大震災の前に、われわれ研究者は太平洋側でM7・5の宮城県沖地震が発生確率99%で起きると想定していました。M7クラスの地震とは、一つが単独で起きても「○○大震災」と名前が付けられるほどの大きな地震です。

政府の地震調査委員会は、日本列島で将来起きる可能性のある地震の発生確率をインターネットで公表しています。地震調査委員会は文部科学大臣を本部長とする地震調査研究推進本部の中にあり、日本全国の地震学者が集って被害を及ぼす地震の長期評価を行う公的機関です。特に、今後30年以内に大地震が起きる確率が「長期予測」として地震ごとに発表されています。

「3・11」の前にここで予測されていたのは、37年ほどで1回起こるM7・5の地震に過ぎませんでした。こうした約40年に1度起きる地震と、今回のような1000年に1回というまれな巨大地震とでは、規模がまったく異なります。

もし東日本大震災が、かつて宮城県沖で予測されていた40年に1度の地震であれば、余震は1カ月ほどで終息していたでしょう。しかし1000年に1度という今回の巨大地震によって、日本列島のほぼ全域で「動く大地の時代」が始まってしまったのです。

こうした「第一の想定外」は今後あってはならないので、「3・11」後の災害予測では最低最悪のケースを想定するようになっています。

†想定不能の「未知の活断層」

二つ目の「想定外」は、地下に埋もれている活断層による直下型地震の災害です。陸上で大きな災害を起こす直下型地震は活断層が起こすため、これまで日本列島に存在する2000本近くの活断層が調査されてきました（図1-16を参照）。

そのうち100本ほどのもっとも活動的な活断層は、過去に繰り返し地震を発生させてきたことがわかりました。特に、日本では古文書《こもんじょ》に大地震の記録が残されているため、「歴史地震」としてその被害状況・年代・地震の規模などが明らかにされているものが数多くあります（図2-17）。

しかし、これらの活断層は、何年もかけて詳細な地質調査を行うことによってやっと判明したものに過ぎません。すなわち、いくらがんばって調べても広大な日本列島には「未知の活断層」がまだ隠れているのです。そして近年起きた地震のいくつかは、まったく知られていない活断層が引き起こしたものでした。

中でも大都市の低地など沖積層と呼ばれる軟らかい地層の下に埋もれている活断層は、ほとんど調査が進んでいません。こうした埋積された活断層が動くと、直下型地震となり

図 2-17 日本列島の活断層と歴史地震。寒川 旭《さんがわあきら》氏による図を改変。

大災害をもたらしますが、これが「第二の想定外」なのです。

つまり、予算や研究者不足などの制約によって活断層の調査が不十分なため、専門家にとってても想定外の災害が、日本列島ではいつ起きても不思議ではない、という状況にあるのです。この「第二の想定外」は今後の活断層調査が劇的に進展しない限り、容易には解消できないということを、私たちは「想定」しておく必要があります。

†割り箸も地盤も、割れてみるまでわからない

三つ目は、地震現象そのものに関する「想定外」です。地震は地下の岩盤が大きくくずれることによって発生します。日本列島の地面に絶えず巨大な力が加わっているのですが、これが何百年、何千年に一度解放されて地震を起こします。このときに、岩盤のどこが割れるか、また何月何日に割れるかが予測できないのです。

たとえば、1本の割り箸《ばし》を両手で持って、力を加えて折る場合を考えてみます。徐々に力を加えてゆくといつかボキッと折れるのですが、割り箸のどこで折れるか、またいつ折れるかを予測するのは非常に困難です。

その理由は、割り箸のように天然の木材は分子が絡《から》み合っているため、大変複雑な応答

をするのです。こうした現象は物理学で「複雑系」と呼ばれており、いかに超高速のコンピューターを用いても予測は至難のわざです。地震現象もこうした複雑系の一つであり、そのために実用的な地震予知ができないのです。

こうした状況で、巨大地震が起きる時刻を何月何日何時のレベルで予知することはまったく不可能となっており、これが「第三の想定外」なのです。この「想定外」は科学が大進歩を遂げないことには、地震予測の前提であり続けるはずです。

ここに述べたように、地震学の世界には三つの想定外があり、将来予測を行う際には、その予測にどのような限界があり、また逆にどのような価値があるのか、よく見きわめて考えなければなりません。複雑系の世界の代表ともいえる地球を扱う地球科学は、物理学や化学に比べると非常に不利な状況で科学を進めています。

こうした中で、ほとんど唯一予測が可能なものが、「西日本大震災」なのです。2030年代という時間予測は確かに誤差の大きなものですが、これが地震学の限界であり、われわれはこうした言わば「虎の子」の情報を十分に生かしていかなければなりません。

†「最悪」の想定

東日本大震災を起こした巨大地震は、数百年から1000年に1度というものであり、われわれ専門家も十分な予測ができませんでした。日本列島の周辺には四つのプレートが絶えずひしめいており、世界的に見ても「巨大地震の巣」と言っても過言ではありません(図1-1を参照)。

新しい被害予測は、日本列島の太平洋側で科学的に予測される最大クラスの地震の揺れと津波を推定したものです。具体的には、地震を発生させる地盤のひずみが800年以上蓄積された場合について定量的に計算してあります。

例を挙げると、国土地理院の行っている汎地球測位システム(GPS)の観測では、日本列島の周辺でひずみが溜《た》まっているところが調べられています。その結果、太平洋沖の南海トラフ周辺と、北海道東部の海域という二つの領域にひずみが蓄積しており、これからM9クラスの地震を起こす可能性がある場所として警戒されています。

「3・11」から一年が経過し、「想定外をなくせ」という合い言葉のもとに、日本列島で起こりうる最悪の災害を前提に被害を予測することとなりました。たとえば、観測記録が残っている100年ほどの間で経験していなくても、過去の震災について書かれた古文書や、地質堆積物として地層中に残された巨大津波などの痕跡から、今後起こりうる最大のイベントを推定することになったのです。こうした方法論が、東日本大震災以後に変わった点といえるでしょう。

東北地方太平洋沖地震の発生が西暦869年に起きた貞観《じょうがん》地震と類似していることはすでに述べましたが、実は9世紀の日本列島で発生した大地震の起き方そのものが、現在と似ているのです（図2‐18）。つまり、1960年以降に日本で起きた地震の発生場所は9世紀の発生場所とよく合うのです。

貞観地震が起きた9年後の878年には首都圏に近い関東中央で大地震が起きました。相模・武蔵地震（関東諸国大地震）と呼ばれているものですが、M7・4の直下型地震でした。

さらに、この地震の9年後には、南海トラフ沿いに東海地震・東南海地震・南海地震の連動型地震が発生しています。887年に起きた仁和《にんな》地震ですが、これは宝永地震と同じくM9クラスの巨大地震であった可能性があるのです（図2‐12を参照）。

「3・11」以降の日本列島は9世紀以来の大変動期に突入した、と言っても過言ではあり

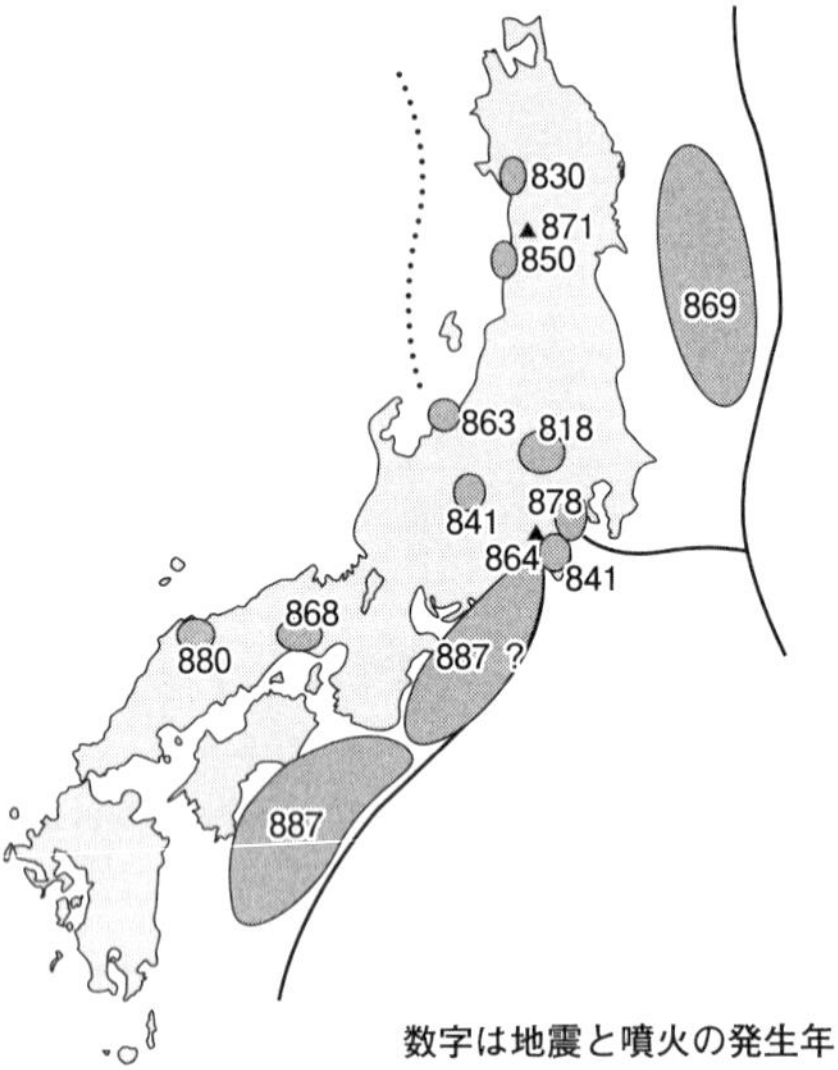

図2-18　9世紀の日本列島で発生した地震の推定震源域と、噴火した火山（▲印：富士山の864年噴火と、鳥海山の871年噴火）。寒川旭氏による図を改変。

ません。本節で紹介した南海トラフ沿いの「五連動地震」は、おおよその発生の時期が科学的に予測できるほとんど唯一の地震です。こうした情報をぜひ活用して、必ずやって来る巨大災害を減らしていただきたいと願っています。

3　火山噴火

巨大地震は火山噴火を誘発する

海域で巨大地震が発生すると、活火山の噴火を誘発することがあります。地盤にかかっている力が変化した結果、マグマの動きを活発化させるのです。

20世紀以降の例を見ても、M9クラスの巨大地震のあと、数年以内に近くの火山が噴火するといった現象が起きています。全世界でM9クラスの巨大地震は6回起きていますが、「3・11」の東北地方太平洋沖地震を除く5回のすべてのケースでは、地震の数日もしくは数年あとに震源域の近傍で噴火が発生しています。

したがって、東北地方太平洋沖地震でも同様に、その影響で日本列島の噴火が誘発される可能性は捨てきれません。具体的に見てみましょう。

1952年にロシアのカムチャツカ半島で起きたM9・0の地震の翌日にカルピンスキ火山が噴火し、また3カ月以内に二つの火山が、また3年後にベズミアニ火山が1000年ぶりに大噴火しました。

また、1957年のM9のアリューシャン地震の4日後に、ヴィゼヴェドフ火山が噴火しました。1960年に起きた世界最大のM9・5のチリ地震の2日後にはコルドンカウジェ火山が噴火し、また一年以内に三つの火山が噴火したのです。1964年のM9・2のアラスカ地震の2カ月後にトライデント火山が噴火し、また2年後にリダウト火山が噴火しました。

2004年にインドネシアのスマトラ島沖で起きたM9・1の地震では、地震発生後4

カ月から3年の間に、インドネシア国内にあるタラン火山やムラピ火山などが次々と噴火しています。タラン火山は火山灰を噴き出し、4万人を超える住民が避難しました。また、東どなりのジャワ島にあるムラピ火山も噴火を開始し、火砕流によって３００人を超える犠牲者が出たのです。

さらに、Ｍ９を下回る場合でも噴火が起きる場合があります。たとえば、２０１０年に南米チリで起きたＭ８・８の巨大地震（チリ中部地震）の1年3カ月後には、コルドンカウジェ火山が噴火しました。この影響で１４００キロメートル離れた空港が一時火山灰の影響で閉鎖され、また４０００人以上の人々が避難を余儀なくされました。

一方、日本列島の歴史時代を振り返ってみると、東北地方で起きた巨大地震のあとに火山活動が活発化した記録が残っています。先にも述べた、平安時代の８６９年に起きた貞観地震から2年後に、秋田県と山形県の県境にある鳥海山《ちょうかいさん》が噴火しました（図２－18）。

また、地震の46年後（９１５年）には青森県と秋田県の県境にある十和田湖が大噴火し、東北地方が灰まみれになりました。ここには十和田カルデラがあり、定期的に巨大噴火を起こしていますが、平安時代の噴火は日本列島で過去２０００年間に起きた噴火では最大規模のものでした。

東日本を見ると、近代以後に大きな噴火を起こした活火山がいくつもあります。たとえば、磐梯山《ばんだいさん》は1888年に山体崩壊を起こし、また北海道駒ケ岳《こまがたけ》は1929年（昭和4年）に火砕流《かさいりゅう》を噴出し、いずれも死傷者を出しています（図2-19）。

実は、今回の地震以後に火山の直下で地震が増えた活火山が20個ほどあるのです。たとえば、日光白根山《しらねさん》、焼岳《やけだけ》、乗鞍岳《のりくらだけ》、箱根山《はこねやま》では3月11日のM9の本震の発生直後から、小規模の地震が急増しました。

その後、いずれの火山でも地震は減少し、現在までのところ火山活動に目立った変化は見られません。しかし、上記の例のように、M9クラスの巨大地震のあとでは、少なくとも数～10年間は厳重な注意が必要と言えましょう。

†噴火はなぜ起きるか

ここで、噴火はなぜ起きるかについて説明しておきましょう。マグマが地上に突然出てくるのが噴火です。マグマとは地下にある高温の溶けた岩石のことですが、その語源はギリシア語の「濃い液体をこねる」に由来します。活火山の地下には必ず灼熱のマグマがたまっている場所があります。

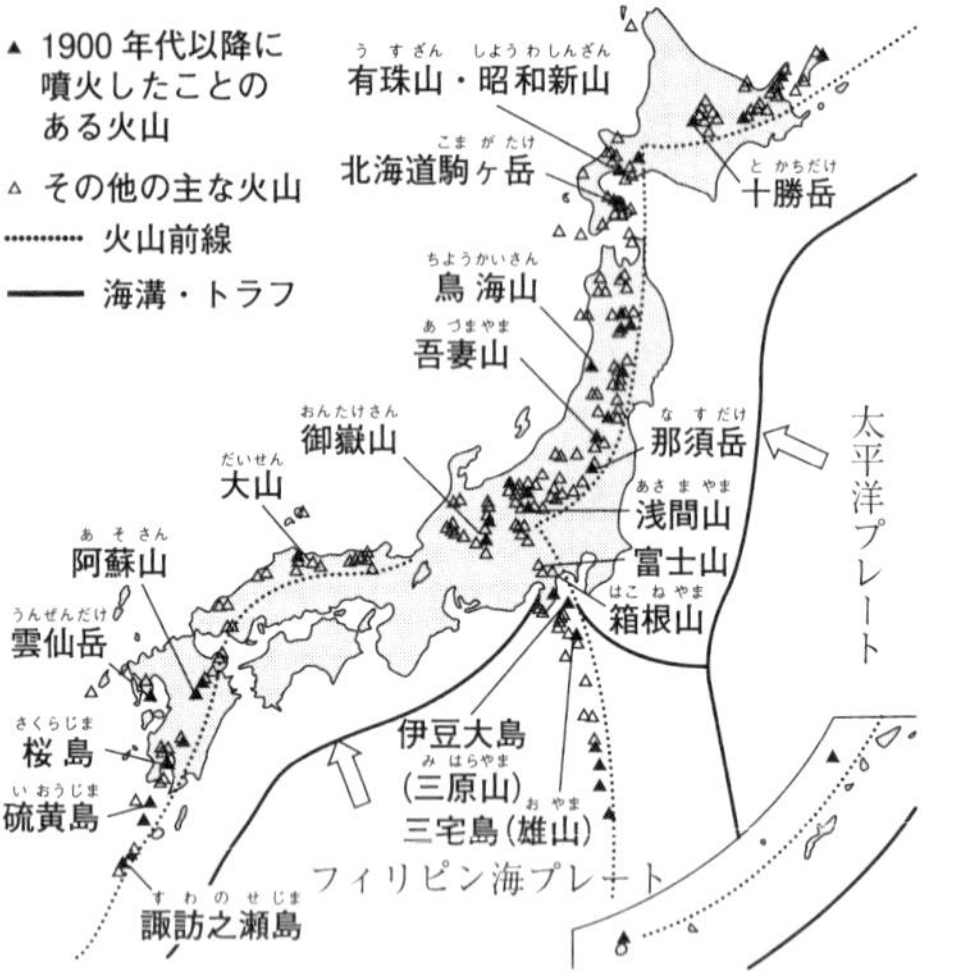

図2-19 日本列島の活火山と1900年以降に噴火した火山。
啓林館『地学基礎』による図を改変。

マグマの温度は、摂氏1300度から1000度くらいの範囲にあります。焚《た》き火などで石を焼くと、まっ赤になることがあります。これは500度を超えている状態ですが、1000度を超えるようなマグマは、真っ赤を通り越して「白熱」しているのです。

地表から何キロメートルも下には、高温で液体のマグマがたまっている空間があります。こうした場所は「マグマだまり」と呼ばれており、丸い袋のような形に描かれます（図2-20）。たくさんの火山の下で、このような閉じた球状のマグマだまりがあることが、地震波の観測によって確かめられています。ここからマグマが上昇して地表へ噴出するのが、噴火の基本的な仕組みです。

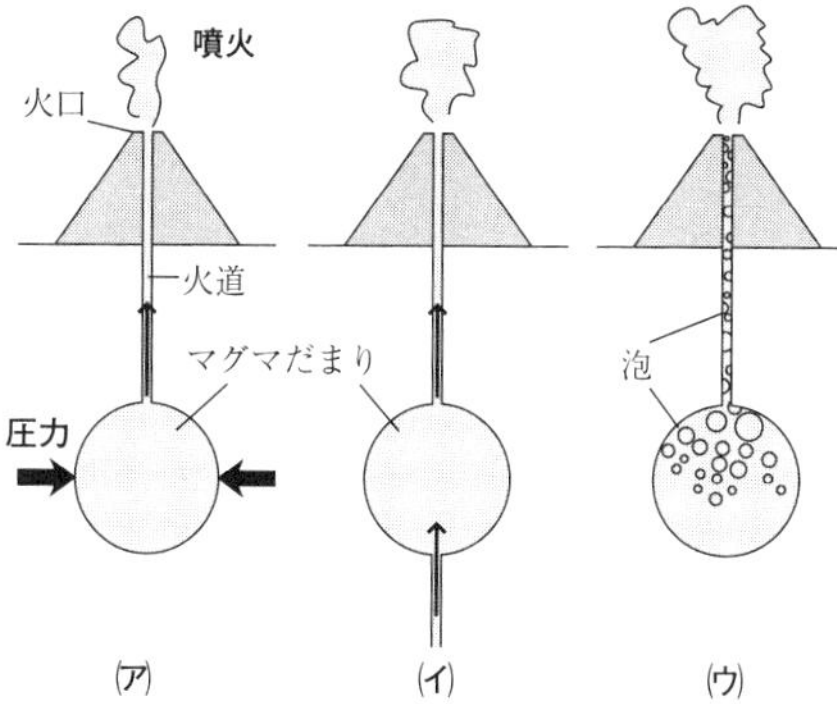

図 2-20 噴火のメカニズムを表す 3 つのモデル。(ア)マグマだまりに圧力が加わり、マグマがしぼり出されて噴火する。(イ)マグマだまりの下から別のマグマが供給されて、上へ出て噴火する。(ウ)マグマだまりの中で、マグマに溶けている水が泡だつことにより、マグマがあふれ出して噴火する。

†マグマがしぼりだされる

マグマが地上へ出るまでには三つのモデルがあります。

一番目のモデルは、外から圧力をかけてマグマをしぼり出すやりかたです（図2－20のア）。たとえば、マヨネーズのチューブを押すと、中身がしぼり出されてきます。同じように、マグマだまりに対して周囲から圧力が加わったときに、液体のマグマが上へ向かって動きだすのです。

ちなみに、マグマだまりから上には、

細い管が伸びています。これはマグマが地表に上がるまでの通路で、「火道《かどう》」と呼ばれています。火道とは、過去に何回も火山が噴火したときに、マグマがその都度通った通路でもあるのです。

火山が活動を休止している間には、冷えたマグマが火道をふさいでいます。その後、噴火が始まると火道がこじあけられるのです。マグマだまりの中の圧力が一定以上になると、マグマが上に出ようとします。

このとき、以前使った通り道を通る方が、新しく通路を開けるよりもエネルギーが少なくて済むので、同じ火道を再び通ろうとします。火道が地上で出たところには「火口」があります。こうしてマグマは、マグマだまり↓火道↓火口を経ながら、繰り返し噴火するのです。

†下からマグマが足される

図2－20のイは二番目のモデルですが、別の原因によって噴火が起きると考えるものです。ここではマグマだまりの下にも管がついています。この管を通って、さらに下からマグマが少しずつ供給されているのです。

多くの火山では、噴火の「休止期」にも、下から少しずつマグマが注入されています。そしてマグマだまりに入る限界を超えたとき、マグマは上に押しやられるのです。

マグマだまりに閉じこめられていた液体が、圧力の低いところを求めて、ゆっくりと上へ移動します。これが噴火の始まりです。実際の火山でも、噴火がおきる前にはマグマだまりがふくらみはじめることがあります。ある程度まで膨張すると、マグマは火道を上昇してゆくのです。

その後、噴火が続いてある量のマグマが出ると、マグマを上に押しやる力がなくなります。こうなると噴火は止まります。一方、噴火を休んでいるときにも、下からは徐々にマグマが供給されています。しばらくたって再び満杯になると、また噴火が開始されます。ほとんどの火山が、このような繰り返しの歴史を持っているのです。

大部分の火山では、噴火は1回だけで終わるのではありません。何万年という長い間に、何百回も噴火が起きるのが普通です。少しずつであっても、マグマだまりのさらに下から絶え間なくマグマが補給されているので、長期にわたる噴火が可能なのです。

†マグマの「泡だち」による噴火

三番目のモデルは、マグマがみずから上昇するというモデルです（図2－20のウ）。これは「泡だち」という現象に伴って起きることで、火山特有の出来事です。

マグマの中には、水が5パーセントほど溶けこんでいます。灼熱のマグマに水というとイメージしにくいかもしれませんが、マグマだまりの中を満たす液体の20分の1くらいは水なのです。といっても常態の水ではなく、高温でイオン化した状態の水がマグマに溶け込んでいます。

あるとき、この水が泡だって水蒸気になります。この水蒸気は気体なので、液体のマグマよりもずっと軽いものです。もし、マグマの中に水蒸気の泡がたくさん発生すると、液体マグマ全体が泡だつ前よりも膨張します。そうすると、マグマ全体の密度が下がるため、浮力が大きくなり、マグマは上昇しはじめるのです。このモデルのポイントは、マグマ自身が浮きやすくなることで上昇する、ということにあります。

なお、泡だちは、マグマだまりの上の方で発生します（図2－20のウ）。というのは、マグマだまりの中でも、圧力がより小さい場所で泡だちが始まるからです。そして軽い泡はさらに上に移動し、液体のマグマといっしょになって火道を上昇します。火道を昇るとさらに圧力が下がるため、泡だちが加速されます。

一般に、水は気体の水蒸気になると、体積が1000倍ほど増えます。すなわち、マグマは火道を昇る過程で、全体の体積が増えるのです。こうして泡だらけになったマグマが火口から勢いよく噴出するのです。第一と第二のモデルがマグマを「しぼりだす」のに対して、第三のモデルではマグマが「あふれ出す」といってもよいでしょう。

ちなみに、液体マグマには、水（水蒸気）や二酸化炭素などのガス成分が溶けこんでいます。この他にも、二酸化イオウ・硫化水素・塩化水素が入っていることも多くあります。

活火山を訪れると硫黄臭がすることがありますが、これはマグマに溶け込んだ二酸化イオウと硫化水素のせいです。重量で言うと、数パーセントがガス成分ですが、その大部分は水です。実は、この水が噴火を起こすときの大事なカギとなるのです。

また、岩石が溶けた状態にあるマグマの中には、鉱物の結晶も含まれています。この結晶のでき方が噴火を大変変化に富んだものにしているのですが、ここから先は「火山学」の内容になります。くわしくは拙著『地球は火山がつくった』（岩波ジュニア新書）にわかりやすく解説しましたので参照してください。

さて、活火山の地下では、液体のマグマは長い期間じっとしています。噴火の「休止期」がそれに相当するのですが、ときには何千年という長いあいだ休んでいて、突然噴火することもあります。マグマが地上に近づいて火口から噴火するまでには、たくさんのプロセスがあります。こうした点を一つ一つ明らかにするのが火山学者の仕事です。

✝富士山の噴火予知

さて、マグマにまつわる火山学の話から、東日本大震災後の日本列島へ話題を戻しましょう。

M9クラスの巨大地震のあと、噴火が誘発される可能性としては、活火山の富士山も例外ではありません。実際、平安時代に富士山は大噴火を起こしました。平安時代中期の864年、富士山の北西山麓で大規模な割れ目噴火が発生したのです。貞観《じょうがん》噴火と呼ばれる、富士山噴火の歴史でも特記すべき事件です（図2－18を参照）。

このときには地上に長さ6キロメートルにわたる長大な割れ目ができ、その上に火口がたくさんできました。ここから大量の溶岩がドクドクと流出し、有名な「青木《あおき》ヶ《が》原《はら》樹海」を作りました。

大量の溶岩が出た結果、富士山の北麓にあった剗《せ》の海《うみ》という大きな湖が二つに分断されました。この結果、富士五湖の一つである西湖《さいこ》と精進湖《しょうじこ》ができたのです。貞観噴火は富士山の歴史時代の噴火ではもっとも大量のマグマを噴出した噴火でもありました。

ここで、富士山が噴火するときにどのような現象が起きるのかについて、見ておきましょう。富士山地下のマグマだまりには摂氏1000度に熱せられた液体のマグマが大量に存在し、これが地表まで上がってくると噴火が始まります。

富士山が噴火する前には、前触れとなる現象が見られます。まず、マグマだまりの上部付近で「低周波地震」と呼ばれるユラユラ揺れる地震が起きます（図2－21のa）。これは富士山の地下15キロメートルくらいの深度で定期的に起きている地震で、人体に感じられないようなきわめて微弱なものです。

富士山の山麓に張りめぐらされた地震計によって、最初に観測される地震の一つでもあります。低周波地震はマグマ活動の最初期に必ず起きるものなので、「噴火予知」では非常に重要なものです。

次に、マグマが地上へ向けて上昇してくると、通路（火道）の途中でガタガタ揺れるタイプの地震が起きます。ときには、人が感じられるような「有感地震」となることもあり

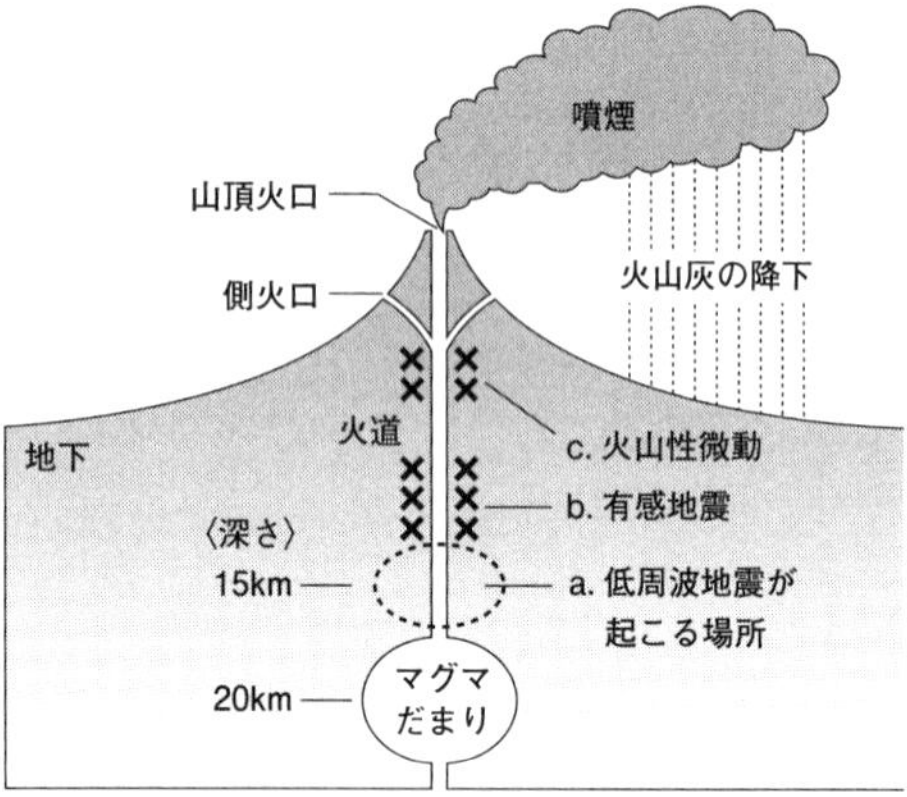

図2－21　富士山の地下構造と噴火前に発生する地震。

ます（図2－21のb）。

こうした地震の起きる深さは、マグマの上昇にともない次第に浅くなってゆきます。この変化を注意深く追いかけると、富士山の直下でマグマがどこまで上がってきたかがわかるのです。

その後、噴火が近づくと「火山性微動」という細かい揺れが発生します（図2－21のc）。マグマが地表から噴出する直前で起きるのですが、こうなると噴火の間近な「スタンバイ状態」となったことがわかります。この火山性微動が始まると、火山学者は緊張します。マグマが地表から噴出する前に、火山の近くに住んでいる人々に安全に避難してもらうための仕事が待っているからです。

現在の富士山では、地下15キロメートルという深部で、数年に1回くらいの頻度で低周波地震が起きています。現在のところ、マグマが無理やり地面を割って上昇してくる様子はまだありません。

富士山では噴火のおよそ1カ月前から低周波地震や火山性微動、山全体の膨らみなどの現象が観測されるので、事前に必ず発見できます。日本の火山学は世界トップレベルなので、直前予知は十分に可能と言っても差しつかえないでしょう。

私たち地球科学者は「火山学的には富士山は100パーセント噴火する」と説明します。ところが、噴火の始まる「約1カ月前」がいつかを前もって言うことは、不可能です。すなわち、その「約1カ月前」が明日かもしれないし、数年後かも知れないわけです。逆に言えば、1カ月の時間的な猶予《ゆうよ》はあるので、その間さまざまな準備と対策を講じることは可能なのです。

これを仮に「1カ月前ルール」と呼んでも良いでしょう。この1カ月前ルールがあることを正しく理解していれば、噴火による災害から身を守ることは十分できます。

噴火予知は地震予知と比べると実用化に近い段階まで進歩してきました。しかし、皆さんが知りたい「何月何日に噴火するのか」にお答えすることは、残念ながら現在の火山学ではできません。よって、仮に「何月何日に噴火する」といった週刊誌等の報道があっても、科学的根拠はないので信用しないでください。「1カ月前ルール」があることをきちんと伝えることが、火山学者の大事な使命でもあるのです。

†巨大地震が誘発する富士山噴火

かつて富士山では、巨大地震によって噴火が誘発された例があります。前回の噴火は300年前の江戸時代ですが、太平洋で二つの巨大地震が発生したあとでした。まず1703年に元禄関東地震（M8・2）が起き、その35日後に富士山が鳴動を始めたのです。さらに4年後の1707年には、宝永地震（M8・6）が発生しました（図2-12）。この宝永地震は数百年おきにやってくる「三連動地震」の一つです（第二章の2を参照）。

そしてついに宝永地震の49日後、富士山は南東斜面からマグマを噴出し、江戸の街に大量の火山灰を降らせました。宝永噴火と呼ばれる歴史的な大噴火ですが、火山灰は横浜で10センチメートル、江戸では5センチメートルほどの厚さになりました。しかも火山灰は2週間以上も降りつづき、昼間でもうす暗くなってしまったという江戸時代の記録が残っています。

ところで、新幹線の車窓から富士山を見ると、中腹にぽっかりと大きな穴が開いている

図2-22 富士山の山腹に残る宝永噴火の火口跡。毎日新聞社による。

ことに気づきます。これはそのときに開けた火口で、宝永火口と呼ばれています（図2-22）。これは富士山の噴火史でもマグマが出た量が2番目という大噴火でした。

宝永噴火の原因は、直前に起きた二つの巨大地震が地下のマグマだまりに何らかの影響を与えたためではないか、と考えられています。たとえば、地震によってマグマだまりの周囲に割れ目ができ、噴火を引き起こしたと考えられるのです（図2-23）。

先ほど述べたように、マグマの中にはもともと5パーセントほど水分が含まれています。割れ目によってマグマだまり内部の圧力が下がると、この水が水蒸気となって沸騰します。水は水蒸気になると、体積が1000倍ほど増えま

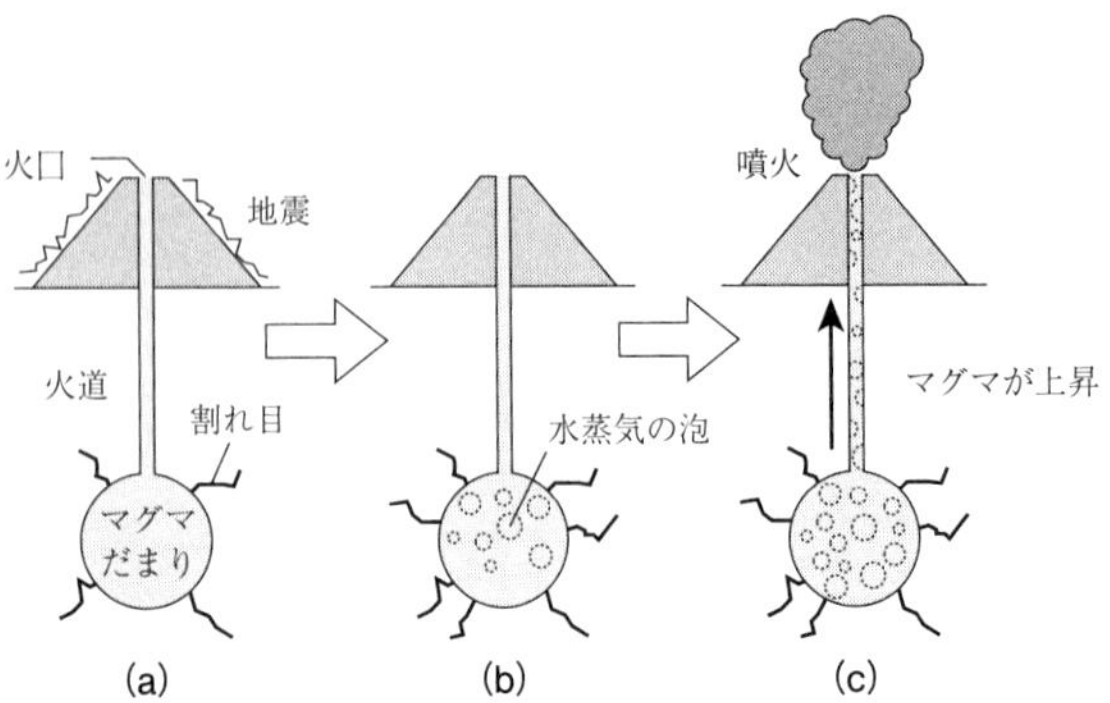

図2-23 地震によって噴火が誘発されるメカニズム。鎌田浩毅著『地球は火山がつくった』（岩波ジュニア新書）より。

す。図2－20のウで説明したように、こうなるとマグマは外に出ようとして、火道を上昇し地表の火口から噴火するのです。

ところで、20世紀以後に世界中で発生したM9クラスの巨大地震のあとでは、近傍で活火山が必ず噴火しています。言わば、地震に揺すられてマグマが落ち着かなくなってしまった状態です。

したがって、東日本大震災のあとも、国内にある活火山のいくつかが噴火を誘発される可能性が少なくないのです。

実は、東日本大震災が発生した4日後の3月15日に、富士山頂の地下でM6・4の地震が発生しました（図1－3を参照）。最大震度6強という強い揺れがあり、静岡県富士宮市内では2万世帯が停電しました。この地震の震源は深さ14キロメートルだったため、地下のマグマが活動を始めるのではないか、と私たち火山学者は大いに肝を冷やしました。富士山のマグマだまりの天井に亀裂が入ったと考えられるからです。

しかし、幸いその後には噴火の可能性が高まったことを示す観測データは得られていません。と言っても、状況がいつ変化してもまったく不思議はないので、24時間態勢での厳重な監視が行われています。

富士山の過去の噴火史は、古文書《こもんじょ》を調べることでもわかります。その記述をていねいに読んでいくと、富士山が平均100年ほどの間隔で噴火していたことが分かってきました。ところが、富士山は1707年から現在まで、300年間もじっと黙っています。

もし長期間ためこんだマグマが一気に噴出したら、江戸時代のような大噴火になる可能性も否定できません（図2－24）。

†富士山噴火の災害予測

いま富士山が大噴火したら、江戸時代とは比べものにならないくらいの被害が出ると予想されています。富士山の裾野にはハイテク関係の工場が数多くあります。火口から出た細かい火山灰はコンピューターの中に入り込み、さまざまな機能をストップさせてしまう

図２－24　1980年５月18日に大噴火した米国セントヘレンズ火山から噴出する火山灰。米国地質調査所提供。

でしょう。何十日も舞い上がる火山灰は、通信・運輸を含む都市機能とライフラインに大混乱をもたらすはずです。

さらに室内にも入り込むごく細粒の火山灰は、花粉症以上に鼻やのどを痛める可能性があります。目の痛みや気管支喘息《ぜんそく》を起こす人も続出し、医療費が一気に増大するという恐れもあります。

また、火山灰は航空機にとっても大敵です。上空高く舞い上がった火山灰は、偏西風《へんせいふう》に乗ってはるか東へ飛来します。富士山の風下には３５００万人の住む首都圏があり、羽田空港はもとより、成田空港までもが使用不能となるのです。

一方、富士山の近傍では、噴出物による直接の被害が予想されています。富士山のすぐ南には、東海道新幹線・東名高速道路・新東名高速道路が通っています。もし富士山から溶岩流や土石流が南の静岡県側に流れ出せば、これら3本の主要幹線が寸断される恐れがあるのです。首都圏を結ぶ大動脈が何日も止まれば、経済的にも甚大な影響が出るに違いありません。

かつて火山の噴火が、国際情勢に影響を与えたことがあります。1991年6月に起きたフィリピン・ピナトゥボ火山の大噴火では、風下にあった米軍のクラーク空軍基地が、火山灰の被害で使えなくなりました（図2-25）。もちろん火山が噴火している最中は、ジェット機もヘリコプターも使えません。

このような噴火事件を契機に、米軍はフィリピン全土から撤退し、極東の軍事地図が書き換えられました。もし将来、富士山の噴火が始まると、その規模によっては厚木基地を始めとする在日米軍の戦略が大きく変わる可能性もあるのです。

富士山が噴火した場合の災害予測が、内閣府から発表されています。富士山が江戸時代のような大噴火をすれば、首都圏を中心として関東一円に影響が生じ、総額2兆5000億円の被害が発生するというのです。これは2004年に内閣府が行った試算ですが、東

図2-25 1991年6月のフィリピン・ピナトゥボ火山から降ってきた火山灰の被害。米国地質調査所提供。

日本大震災を経験した現在では、この試算額は過小評価だったのではないか、と火山学者の多くは考えています。

いずれ災害評価は新しいデータに基づいて試算しなおしますが、首都圏だけでなく関東一円に影響が出ることは確実です。まさに、富士山の噴火は我が国の「危機管理」項目の一つと言っても過言ではないのです。

第三章
命綱としての地球科学的思考

2011年3月11日に発生した東日本大震災の大津波で打ち上げられ
道路をふさぐ船(宮城・女川町)。時事通信社による。

本章では、地球科学的なものの考え方に依拠した「震災対策」のあり方を具体的に説明していきます。

実際に震災が起こったときに、臨機応変に自分の頭で考えて正しい行動を選択しなければなりません。そのためには平板なマニュアルでは役に立たず、考え方の基本を押さえている必要があります。よって本章では、地震発生に際してとるべき「地球科学的思考」を自然に吸収できることを意識しながら記してみました。

1　地震発生確率の読み方

†マグニチュードと震度はなぜ違う？

地震が発生すると直ちに「震度5弱の地域は◯◯」と発表されます。その後しばらくして「マグニチュード7・2、震源の深さは30キロメートル」などという情報が、テレビやインターネットから次々と流れてきます。最初にこの説明をしておきましょう。

一つの地震に対して、「マグニチュード」は一つしか発表されません。一方、「震度」は地域ごとに数多く発表されます。マグニチュードとは地下で起きた地震の「エネルギーの大きさ」、また震度はそれぞれの場所で「地面が揺れる大きさ」を示します（26ページを参照）。したがって、マグニチュードと震度は似たような数字でも、まったく異なる意味を持つのです。

いま大きな太鼓が1回鳴ったとイメージしてください。マグニチュードはこの太鼓がどんな強さで叩《たた》かれたのか、を表します。そして、震度は音を聞いている人にどんなふうに聞こえたか、ということです。

太鼓の音はすぐそばで聞くと大きな音ですが、遠くで聞くと大した音ではありません。このように震度は太鼓の音を聞く場所、つまり震源からの距離で変わってきます。一つのマグニチュード（M）からさまざまな震度が生まれるのは、このためです。

東日本大震災ではM9の巨大地震が発生しましたが、震源が遠ければ震度は小さくなりました。一方、M6でも、自分がいる真下で起きれば、非常に激しい揺れを感じます。いわゆる「直下型地震」と呼ばれる危険な現象です（第二章の1を参照）。

†マグニチュードと震度はどのように決められているのか

ここで、地震の規模を示すマグニチュードとエネルギーの関係を見ておきましょう。マグニチュードは地震によって発生するエネルギーの大きさを表す単位であり、1大きくなるとエネルギーは約32倍、2大きくなると約1000倍まで増加します（図3－1）。

ちなみに、広島型の原爆（20キロトン）の放出エネルギーは、M6・1に相当するのです。今回起きた東北地方太平洋沖地震（M9）の放出エネルギーは、1923年の関東大震災の約50倍、また1995年の阪神・淡路大震災の約1400倍にもなります。

マグニチュードは気象庁により震源から100キロメートル離れた標準的な地震計の針が揺れた最大値から求められ、日本ではM7以上を「大地震」と呼んでいます。これは「気象庁マグニチュード」（Mjと略します）と呼ばれるものですが、こうした方法で実際に地震を測ってみると、最大M8・5くらいで頭打ちになり、それより大きな地震は計測できません。

そこで、巨大な地震も測ることが可能な「モーメントマグニチュード」（Mwと略します）が併用されるようになりました。これは1979年にカリフォルニア工科大学の金森《かなもり》

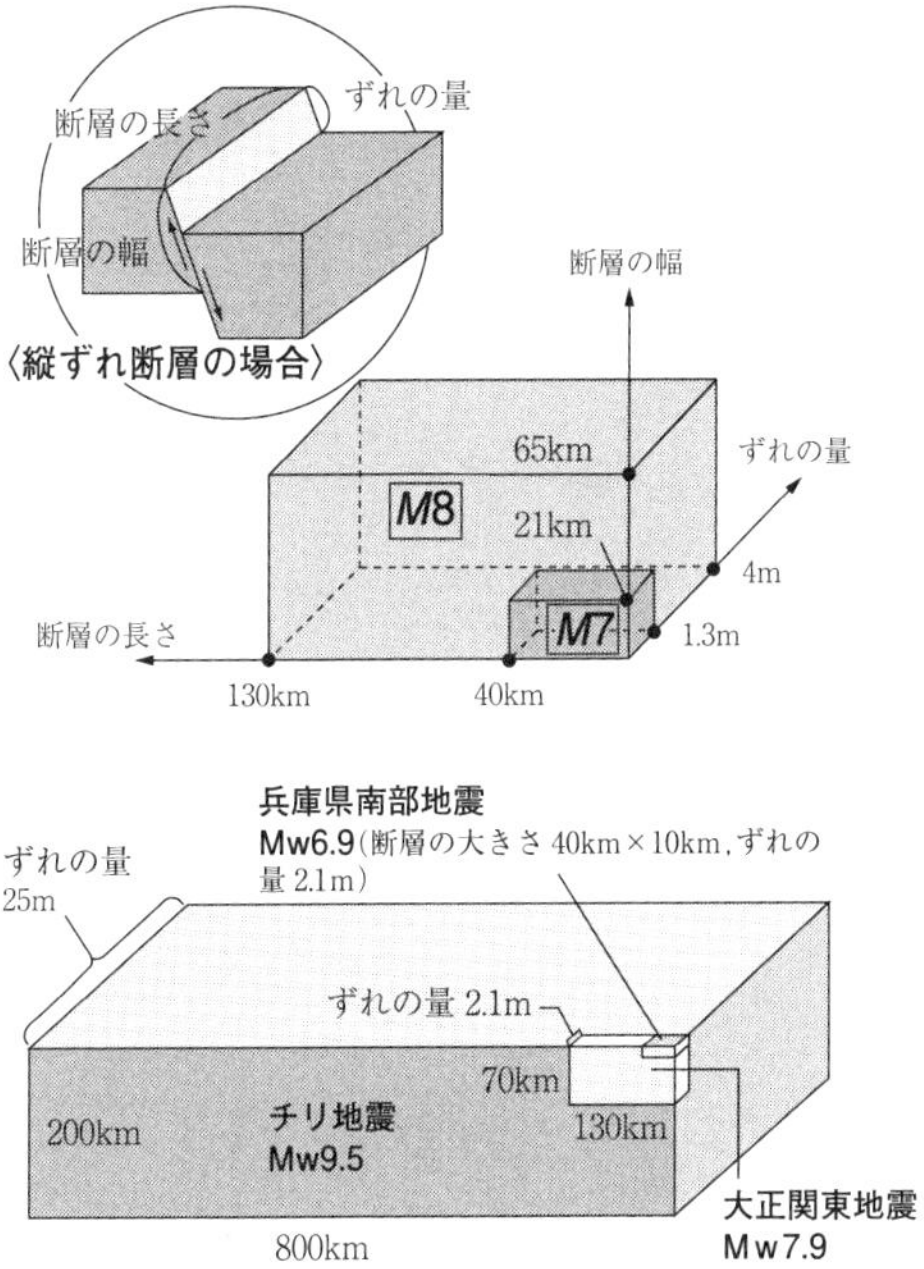

図３－１　地震でできた断層の長さ・幅・ずれの量によってきまるマグニチュード（M）。Mwはモーメントマグニチュードを表す。数研出版『地学基礎』および啓林館『地学基礎』による図を改変。

博雄《ひろお》教授によって提唱されたものですが、断層の面積（長さ×幅）とずれた量などから算出します（図３－１）。

巨大地震では気象庁マグニチュードとモーメントマグニチュードのギャップがしばしば大きくなることがあります。たとえば、１９６０年に起きた世界最大のチリ地震は、気象庁マグニチュードではＭ８・３とされた一方、モーメントマグニチュードではＭ９・５でした。

断層運動の規模そのものを表すモーメントマグニチュードを使えば、巨大地震のエネルギーを正確に見積もることが可能となるため、国際的に広く用いられるようになっています。

日本では地震が発生すると、気象庁は地震計から届いた最大揺れ幅など限られたデータを使って、迅速にマグニチュードを決定して発表しています。この気象庁マグニチュードは、比較的短い時間で出せる長所があるのですが、巨大地震に対しては正確さを欠くという短所もあります。

一方、モーメントマグニチュードは、決定までに時間がかかるという欠点があります。よって、実際には折衷案が採られ、地震が起きるとまずは即座に気象庁マグニチュードが発表され、のちに正確なモーメントマグニチュードによって訂正されます。

たとえば、3月11日14時46分に発生した東北地方太平洋沖地震について、気象庁は発生直後にM7・9（Mj）と発表しましたが、2時間45分後にモーメントマグニチュードによるM8・8（Mw）を発表しました。さらに、データの再検討によって、2日後にはM9・0（Mw）と確定したのです。

現在でもモーメントマグニチュードは、地震が起きてから気象庁の職員が、世界約40カ所から送られてくるデータをもとに手作業で算出しているので、どうしても時間がかかります。このロスタイムが、ときには生死を分ける重要なファクターともなるのです。

東北地方太平洋沖地震に対して最初に発表されたM7・9から予想される岩手県など沿岸部での津波の高さは、3メートル程度でした。ところが、実際には10メートル以上の津波が襲ってきたわけですから、マグニチュードの過小評価が避難の遅れを招いた可能性が指摘されています。

こうした苦い経験から、津波の予測精度の向上とスピードアップの両方が期待されているのです。気象庁ではコンピューターを用いて自動解析ができるようにシステムの向上を図っており、今後は地震発生から15分後により正確なモーメントマグニチュード（Mw）

の速報値を出すことを目標にしています。

†正しく被害を見積もるには

なお、モーメントマグニチュードを求める際に特定される震源域は、今後の余震が起きる場所でもあります（図1－3と図2－11と図2－14を参照）。一般に余震は、通常本震より1ほど小さなマグニチュードの地震が起きる、という経験則があります。東日本大震災を起こした東北地方太平洋沖地震のように、マグニチュードが大きいということは、余震も大きく、かつ期間が長引くことを意味しているのです。

M9に達した東北地方太平洋沖地震では、最大余震はM8が予想されました。そして事実、M7・7の余震が震災当日に茨城県沖で発生しました（図1－3）。

余震は震災から2年近く経過した現在も続いています。M8と言っても東日本大震災が起きた今ではさほど驚かなくなった方が増えていますが、甚大な被害が予想される巨大地震であることには変わりありません。東北地方太平洋沖地震の直後から、日本列島全体で地震活動が活発化し、地震がよく起きる時期が10年という単位で続く恐れがあると地震学者によって警告されているのです。

先ほども触れた通り、震度は、地震が起きたときにある場所でどのくらい地面が揺れるかを表したものです。マグニチュードはある地震に対して1つの値しかありませんが、震度は場所によって変わり、震源から遠くなると小さくなります。

震度0	人は揺れを感じない。
震度1	屋内にいる人の一部が、わずかな揺れを感じる。
震度2	屋内にいる人の多くが、揺れを感じる。眠っている人の一部が、目を覚ます。
震度3	屋内にいる人のほとんどが、揺れを感じる。恐怖感を覚える人もいる。
震度4	かなりの恐怖感があり、一部の人は、身の安全を図ろうとする。眠っている人のほとんどが、目を覚ます。
震度5弱	多くの人が身の安全を図ろうとする。一部の人は、行動に支障を感じる。
震度5強	非常な恐怖を感じる。行動に支障を感じる。
震度6弱	立っていることが困難になる。
震度6強	立っていることができず、はわないと動くことができない。
震度7	揺れにほんろうされ、自分の意思で行動できない。

図3－2 震度による揺れの状況の違い。気象庁と消防庁の資料による。

具体的には、震度は、揺れの強さを人間の感覚や家屋が壊れる被害の程度から、複数の段階に分けて表示されています（図3－2）。気象庁では明治期以来、観測員が自分の感覚によって震度を決定していました。

図３－３　長周期振動が起こすさまざまな被害。スロッシングによって石油タンクから油がこぼれる。朝日新聞による図を改変。

その後、震度を機械的に計る震度計を導入し、１９９６年４月から震度はすべて震度計によって決定されるようになりました。現在、震度は10階級で表示されています。

なお、気象庁から発表される震度が同じであっても、建造物や地盤の状態によって被害に違いが出る場合がかなりあります。また、震度は地表での揺れを示すものですが、高層建築物などの高所では発表された震度よりも大きな揺れが生じることもあります。

特に、遠方で大きな地震が起きた場合には、「長周期」の地震波が到達するため、さほど大きくない震度でも、石油タンクの「スロッシング」など揺れに共振して起きる被害が生じることが多くあるのです（図3－3）。（長周期の意味は第一章の図1－8を参照してください）

なお、スロッシングとは、遠方で大地震が起きたあと、長周期の地震波が到達するときに生じる現象です。石油タンクなどでは、中身の液体の揺れと地震波が共振してしまい大きな揺れとなり、タンクが壊れ、火災を招いたりします。こうした共振現象が、スロッシングを引き起こすメカニズムなのです。

したがって、足元の震度が小さくても十分な注意が必要な場合があります。震度の数字を鵜呑みにして災害を予測すると間違うことがあるので、こうした点もぜひ注意していただきたいと思います。

†政府の公表する「地震発生確率」

政府の地震調査委員会は、日本列島でこれから起きる可能性のある地震の発生確率を公表しています。全国の地震学者が結集して、日本に被害を及ぼす地震の長期評価を行い、それぞれの地震ごとに今後30年以内に起きる確率を予測し、インターネットでも随時公開しているのです。

さらにそこでは、今世紀の半ばまでに、東海から近畿・四国地方にかけての海域で、東海地震、東南海地震、南海地震という3つの巨大地震が発生すると予測しています。すなわち、「東海地震」が88％（M8・0）、「東南海地震」が70％（M8・1）、「南海地震」が60％（M8・4）という確率です（第二章の図2-11を参照）。また、東京湾の周辺で起きる「南関東の地震」（M7クラス、70％）も差し迫っています。

さらに、内陸の活断層によって発生する地震としては、神奈川県西部にある神縄《かんなわ》・国府《こう》津《づ》―松田断層（M7・5）が、日本全体でも最大級の確率（最大16％）です（第一章の図1-16の右ページを参照）。

活断層で発生する地震は、海域の地震に比べると確率が低いと思われるかもしれません。しかし、地震は震源からの距離が近いほど揺れが大きくなるので、大都市の直下や隣接地域で起きる地震では莫大な被害が出ます。こうした直下型地震に突然襲われたときにどうなるかは、1995年（平成7年）に神戸で起きた阪神・淡路大震災で証明ずみです。

次に、中部地方から近畿・四国地方にかけては、先の東南海地震と南海地震が最重要です。これらの地震は名古屋や大阪といった大都市に激しい揺れをもたらすでしょう。同時に、沿岸部を襲う大津波にも警戒しなければなりません。たとえば、1944年（昭和19年）の東南海地震と1946年の南海地震では、それぞれ1000人を超すような犠牲者が出ました（図3－4）。

図3－4　1946年に発生した昭和南海地震による高知市葛島の浸水被害。高知市のホームページによる。

†地震発生予測はどのように行うのか

　地震調査委員会が発表する大地震が起きる確率の値は毎年更新され、しかも少しずつ上昇しています。次に、地震発生確率はなぜ上昇するのかについて説明しましょう。

　いま、過去に起こった地震のデータを見て、おおよそ100年くらいの間隔で地震の被害をこうむってきた場所を

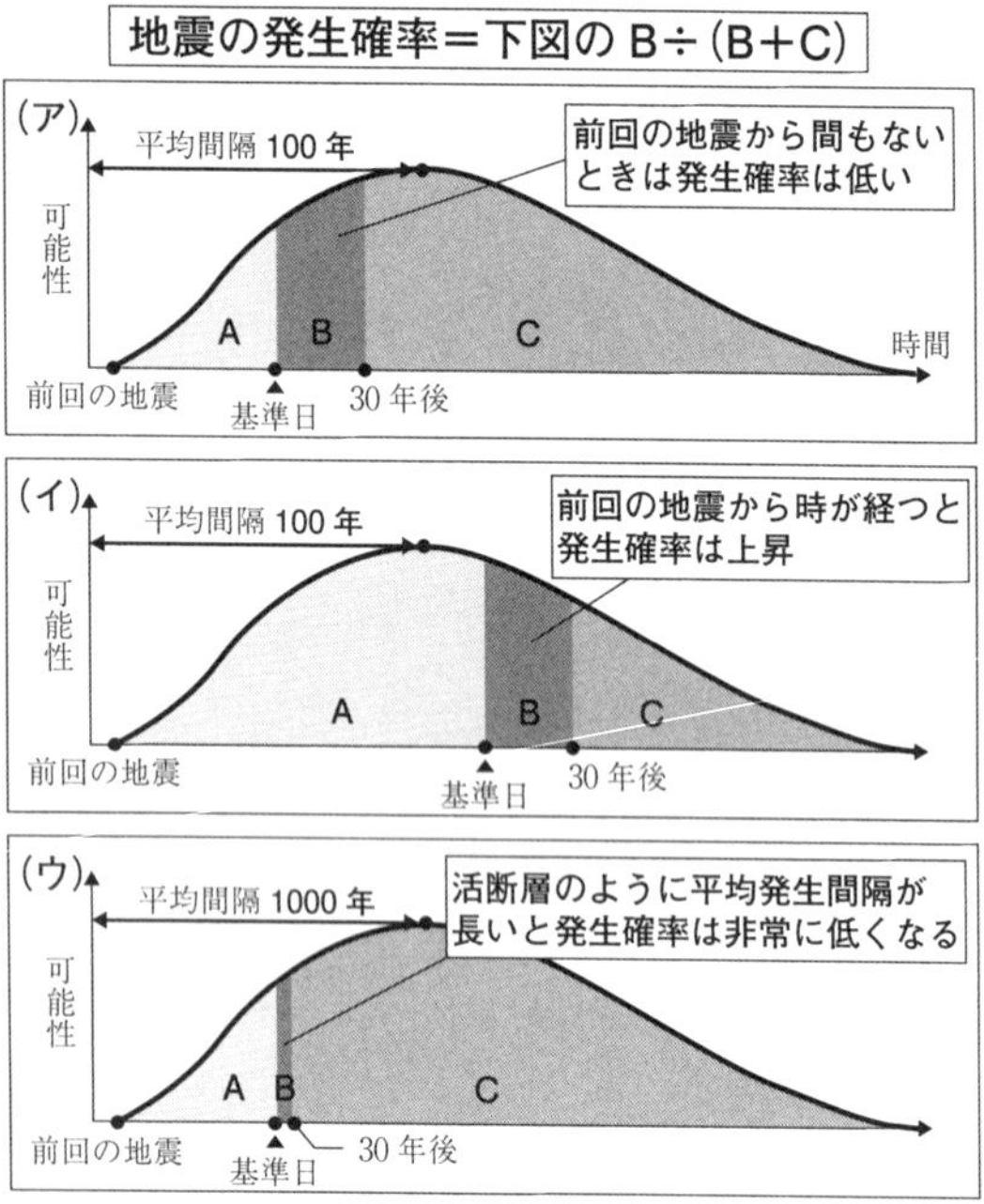

図3－5　地震の発生確率の求め方。前回の地震が起きた時と平均間隔から算出する。

考えてみます。100年サイクルの途中に、基準日となる現在が入っているケースです（図3－5のア）。

まず、現在を基準日として、この基準日から30年以内に地震が発生する確率を求めてみます。図3－5アのBの部分の面積は、今から30年後までに地震が発生する確率です。

また、Cの面積は、30年後のあとずっと先までに発生する確率です。すると、これから30年以内に地震が発生する確率は、Bの面積を、BとCを足し合わせた面積で割ることで算出されます。たとえば、これが東海地震の場合にはこの値が88％となるわけです（図2－11）。

さて、図3－5アは、地震の起きる平均間隔である100年がまだ来ていない時点での発生確率を求める図です。一方、平均間隔が100年とされているにもかかわらず、前回の地震からすでに100年以上の時間がたってしまったケースを考えると、図3－5イのようになります。すなわち、基準日がすでに平均間隔100年を過ぎたのに、一向に地震が起きないという場合です。

ここでも発生確率は、Bの面積を、BとCを足し合わせた面積で割ることで算出されます。ここで、アとイの結果を比べてみると、イの方がアよりも高い発生確率になるのです。

たとえば、南海地震は前回の1946年の活動からすでに66年が経過しているので、確率は60％となりました。一方、東海地震は1854年（嘉永7年）に起きた前回の地震から159年も過ぎているので、88％という高い値になったのです。

さて、次は活断層のように発生の平均間隔が1000年と非常に長い場合を考えてみましょう。この場合には、図3－5ウのようにBの面積が相対的に小さくなるので、30年以内の発生確率は非常に小さな値となります。先ほど例に出した神縄・国府津―松田断層の発生確率（最大16％）が東海地震などと比べると小さいのは、そのせいです。

なお、地震以外の被害に今後30年に一人の人間が遭遇する確率は以下のように算出されています。交通事故で死亡0・2％、交通事故で負傷24％、航空事故で死亡0・002％、火災で負傷1・9％、台風で負傷0・48％、ガンで死亡6・8％、空き巣3・4％、ひったくり1・2％、スリ0・58％。こうしてみると、地震の発生確率がいかに高いかがわかるでしょう。

†予測の限界

ところで、東日本大震災の発生前に、宮城県沖では30年以内にM7・5の地震が99％の確率で起きると予想されていました。未来に起きる可能性のある地震のマグニチュード予測は、先に述べたような、たった今起きた地震に対するマグニチュード決定と同様に、過去に繰り返し起きた地震が作った断層の面積とずれた量などから算出します（図3―1を参照）。

また、このM7・5地震の想定死者は300人というものでした。実は、これらの予測は、1978年（昭和53年）に死者28名を出したM7・4の宮城県沖地震を基準の一つとしていたものです。ところが、東日本大震災の現実は、こうした予測をはるかに上回り、1500倍も規模の大きな巨大地震が発生してしまったのです。

また、地震の再来周期から見ても、宮城県沖では約40年ごとに繰り返して起きることを想定していたのですが、実際には1000年に1度という非常にまれな巨大地震が起きてしまいました。これはマグニチュード予測の計算が間違っていたのではなく、起きると予想していた地震そのものがまったく別のものだったことが原因です。

一般に、自然災害には、まれに起きるものほど規模が大きく、頻繁に起きるものは規模が小さいという法則があります。したがって、地震発生の予測はすべてを予見できるものではなく、今回のように大前提が変わると予測をはるかに上回る災害が発生することがあるのです。

地震調査委員会が発表する確率は、きちんとした事実に基づいて正確に計算されたものですが、それでも科学的な予測には「限界」があることは知っておいていただきたいと思います。特に、数学や物理学とは異なり、地球科学で扱う天然現象には特有の「予測の限界」と「誤差」があることに注意いただきたいのです。

今後、研究の進展によって、マグニチュードも地震発生確率も大きく変わる可能性があります。地球の現象には、前提条件の変化により大きく結果が変わる「構造」があることも、ぜひここで知っていただきたいと思います。

まず数字の出された原理をよく理解し、随時報道される数字の変化をフォローしてください。そして、できるだけ最新の情報を入手し正しく理解することで、地震災害へ賢く対処していただきたいと願っています。

2 震災時の「帰宅支援マップ」の使い方

震災から時間がたつにつれ、多くの人にとって地震への恐怖は薄まりつつあるようです。どんなに悲劇的な災害が起こっても時間がたてば徐々に忘れていくのは、つらい体験をしても生き続けていくための生きもの特有のメカニズムなのかもしれません。

しかし、ここまでも書いてきましたように、地球科学者としては、地震の危険は去るどころかむしろ増していると言わなくてはなりません。事実、「次の震災」が起きたときどれほどの混乱が引き起こされるのか、その科学的想定も出始めています。

たとえば、首都直下地震が起きたら、都内では989万人もの帰宅困難者が発生するという試算が発表されました。電車やバスがすべてストップし、都心のオフィスから自宅まで歩いて帰る、という非常事態に追い込まれるのです。

毎日長時間の通勤電車に揺られて通っている距離を、いったいわが家まで歩いて帰れるものでしょうか。このような状況を想定して、震災時に自宅へ帰り着くための地図やガイドブックが、すでに何種類も刊行されています。本章では地球科学者の視点でこうした帰宅支援マップの有効性とより良い使い方を考えてみます。

†無事にわが家に帰還するために

私は実際に『震災時帰宅支援マップ 首都圏版』（昭文社）を持参して、東京の下町を歩いてみました（図3－6）。ルートは、東京丸の内のオフィス街から始まって北東の方向に向かいます。千代田区→中央区→台東区→墨田区→葛飾区→千葉県松戸市という道筋で、水戸街道（国道6号線）へつながるルートです。

これは、震災時の帰宅としてはさまざまな問題が生じる道程でもあります。強震による直接の被害に加えて、地盤の液状化、橋梁の落下、火災などの複合災害が予想される地域

図3-6 震災帰宅マップ。『震災時帰宅支援マップ 首都圏版』(昭文社)による。

なのです。途中には、関東大震災で焼け野原になった向島《むこうじま》周辺も通過することになります。以下に体験レポートを紹介しましょう。

†帰宅支援マップを用いて歩く

丸の内の和田倉門《わだくらもん》前を出発点として日比谷通りを北に歩き始めました。出発から6分後、大手町で永《えい》代《たい》通りと交差します。北東に総ガラス張りのビルがありますが、震災時には板ガラスの破片が降ってくるのではないかと心配になります。

一方で、このあたりは歩道に突きでた看板がほとんどないのは、突然落ちてきたり道がふさがれたりする心配がないという点で安心です。また、建築法によって、新築ビルの脇には必ず公開空地が設けられているのは、火の手が広がるのを防いでくれるの

図3－7　川の上にかかっている首都高速道路。鎌田浩毅撮影。

で心強いものです。

次に神田橋で首都高速道路をくぐります。川沿いに長い橋がかかっていますが、この橋桁《はしげた》がはずれたらと考えるとちょっと恐いものがあります（図3－7）。橋の北西に公衆トイレがありますが、これは帰宅支援マップにもちゃんと描かれています。

30分後、小川町の交差点で右へ曲がって靖国通りに入ります。このあたりから歩道に突き出た看板が増えてきました。また、脇の細い路地をのぞくと家が密集しています。主要道路はまだよいのですが、大地震に遭遇した場合、これらの路地はふさがれてしまうのではないでしょうか。18年前に阪神・淡路大震災直後の被災地の様子を調

図3-8 JR中央線が走る陸橋。神田駅付近。鎌田浩毅撮影。

査したときの光景がフッと頭をよぎります。

40分後、神田駅の北でJR高架橋を2カ所くぐります。中央線と山手線の何本もの線路が敷かれた幅10メートル以上の陸橋ですが、見るからに橋脚が古くて細いのです(図3-8)。これが震度7でも耐えられるのだろうかとやはり不安になります。

もしここが通過できなければ、東京駅の地下をくぐるか、もしくは神田から上野までの崩れていないガードを抜けることになるでしょう。耐震設計上どのガードが一番安全なのか、ぜひ知りたいところです。

岩本町で今度は首都高速道路の高架橋をくぐります。本当に東京は陸橋だらけです。しばらく東へ進むと、大和橋交差点付近の北東側にトイレがあります。しかし、このトイレは帰宅支援マップでは「秋葉原」という大きな丸で囲まれた字に隠れているのです。地図上のレイアウトの問題なのですが、少しずらして印刷してくれれば良かったのにと思います。

歩き始めてから小1時間で、浅草橋の交差点に到着。ここから左に折れて、江戸通りを北東に進みます。ここまで4キロメートルほど歩いた計算になります。帰宅支援マップでは1時間に3キロメートル歩ける計算で書いてあります。よって、今回の滑り出しは順調といえるでしょう。

図3－9　路地の上にかかる電線とトランス。浅草橋駅付近。鎌田浩毅撮影。

このあたりで、裏通りにちょっと入ってみます。表通りと打って変わって、上にはおびただしい電線が張られています。また電柱にはかなり重そうなトランスも乗っているのです（図3－9）。

さらに何台もの車が路上駐車しているので、実質的に通れる幅は半分しかありません。道が狭い上にこれでは地震の際

図３-10　震災時に車両通行禁止となる道路の標示。浅草橋駅付近。鎌田浩毅撮影。

にどうなるのか、とても心配です。一方、この付近の大通りは大震災の発生時には車両通行禁止となり、災害救援車両の優先通行を助けます（図３－10）。

浅草橋駅のすぐ東で、ＪＲ総武線の高架橋をくぐります。駅の周辺には広場がなく、ゴミゴミと立て込んでいます。余震でガラスが落下してこないか、ここでも気になるところです。

脇のビルから突きでた看板も急に増えてきました。また、歩道には自転車がたくさん止めてあり、通行の邪魔をしています（図３－11）。まだ回収されていないゴミ袋の山もあるのです。

実質的に、歩道で人が通ることのできる幅は、１メートル半ほどしかありません。車道は見晴らしもよく比較的広々としているのですが、周辺では唯一の幹線道路なので、被災した人が殺到するかもしれません。ともあれ、蔵前《くらまえ》を通って水戸街道に入ります。

†橋脚を確かめてから隅田川を渡る

1時間40分で厩橋《うまやばし》の交差点です。ここから右手向こうに隅田川が見えてきます。ここで地図は北が上だった通常の地図から、進行方向を向いたルート沿いを表示した地図へと変わります。

図3-11 路上をふさぐ自転車。震災時にはさらに通行を妨げる恐れがある。浅草橋駅付近。鎌田浩毅撮影。

目的地の松戸方面に行くには隅田川を渡らなければなりませんが、駒形橋、吾妻橋、言問橋《ことといばし》と橋が3本かかっています。ここは見晴らしがよいので、震災時には橋脚が落ちていない橋を確認して渡ればよいでしょう（図3－12）。

歩き始めてから約2時間。そろそろ足が疲れてきました。赤く塗られた吾妻橋で隅田川を渡ることにします。渡

図 3-12 隅田川にかかる橋。震災時にはどれが通行可能かを確かめて渡らなければならない。鎌田浩毅撮影。

図 3-13 災害時一時集合場所に指定されている向島付近の公園。鎌田浩毅撮影。

りきると上空には首都高速道路の巨大な陸橋。あんなものが落ちてきたらひとたまりもありません。

勝海舟の銅像を見ながら隅田川の東岸から北東方向へ離れることにします。ここに隅田公園自由広場がある。緑に囲まれた水戸徳川邸の跡地で、トイレや水飲み場があります。のどかな庭園もあるので、ここでしばらく休憩をとることにします。なお、この付近は「災害時一時集合場所」として指定されています（図3－13）。

図3－14 1923年の関東大震災による江東区深川付近の被災写真。国立科学博物館のホームページによる。

再び水戸街道に戻ります。3時間ほどで向島に入りました。このあたりは関東大震災でもっとも大きな被害を出したところです（図3－14）。大地震では揺れによる被害だけでなく、火災が非常に恐いのです（61ページを参照）。

脇の細い路地をのぞいてみると、やはり家がたて込んでいます。道沿いには軍手などの作業着を売る店もありました。これらはサバイバルには打ってつけの品物です。なお、非常災害時に水戸街道では一般車が通行止めになります。

3時間20分が過ぎて、東武伊勢崎線の高架橋をくぐります。このあたりは東京都の地盤地図でも、

図3－15　四つ木付近の手洗い所と水飲み場。震災帰宅マップにも記載されているので、予備調査の際に確認しておきたい。鎌田浩毅撮影。

新しい沖積地からなることが示されている地域です。すなわち、地震動が増幅されやすい地区でもあるのです。

おまけに、沖積低地では地盤の液状化も予想されるので、震災時にこの高架橋を無事にくぐれるかどうか心配になります。この周囲にもスニーカーや防寒着を売る店があります。下見の時にでも購入しておきたいところです。

ともあれ、荒川にかかる四ツ木橋を目指して歩きます。荒川とそのすぐ脇に流れる綾瀬川には、2本の橋がかかっています。両方を渡りきるまで10分間もかかるくらい非常に長い橋です。2つの川の間には、新四ツ木橋地区東岸と名づけられた緑地帯があります。

ここにはベンチがあり水飲み場も用意されています（図3－15）。実際、帰宅支援マップにも赤でベンチ、青で水のマークが記されているものです。歩き始めてからはや4時間。

ここで再び一休みすることにします。

　実は、この緑地帯は荒川と綾瀬川の造った土手の間にあります。おそらく二つの川の流し込んだ土砂が下に堆積しているので、震度7の揺れに見舞われれば液状化を起こす可能性もなきにしもあらず、なのです。1995年（平成7年）の阪神・淡路大震災では、海岸近くの広い範囲でひどい液状化が起きました（図3－16）。

　この震災では、川べりの土地は直下の地盤によって数メートル単位で命運が分かれました。かつて川の作った自然堤防によって粗粒な礫《れき》がたまったところは揺れが少なく、その脇の柔らかい土砂が堆積したところでは大きな被害が出たのです。これと同様に、荒川周辺でも同じ現象が起きる恐れが十分考えられます。

図3－16 1995年に発生した阪神・淡路大震災の液状化写真。鎌田浩毅撮影。

　さて、本田広小路を過ぎたあたりで、そろそろ足が痛くなってきました。ひざが疲れて弾力がなくなってきたのがわかります。履き慣れた靴とはいえ、足の小指も少し痛み出してきました。ここで無理をするとあとが大変になるのを、フィールドワーカーの私は何度も経験してきました。やむなく涙を飲んで、葛飾警察署前からバスに乗ることにします。「帰宅支援マップ」レポーターとしては、はなはだ情けないところですが、全行程の達成を優先することにします。

†地震にあったら神社を探せ

残る難関は、中川と江戸川の大河川です。中川の様子はバスの車中から観察し、江戸川の手前で降りて松戸市に入ることにします。バスは水戸街道を順調に走り、赤十字産院を右手に見たあと京成本線のガードをくぐります。これも先の高架橋と同じく、もし崩れていたらどこをくぐり抜けるか、ルートをよく考えなければならないところです。

青戸を通過するあたりには、ガソリンスタンドが数軒あります。実は、ガソリンスタンドは耐震基準が厳しいので、震災でもびくともしないで残っている可能性が高いものの一つなのです。

その後、今度は環七通りの陸橋をくぐります。都内はこんなにもくぐる個所が多かったのかと改めて思います。高架橋がすべて無事でないと、今回のルートはやり直しになってしまうので、こうした点もチェック項目となります。

バスは中川大橋をスイスイ渡りました。これも大きな橋ですが、今さらながら、東京を脱出するには川を歩いて越えることが最大の難関ではないか、と思います。渡り終わると、帰宅支援マップに水マークのある日枝《ひえ》神社があります。実際にはここで休息することも可能でしょう。

ちなみに、昔から神社のあるところは地盤が良いところが多いのです。というのは、神社は先に述べた自然堤防の上のような、ちょっとした地形的な高まりの上に建てられていることが多いからです。震災時には神社に向かえば神さまが守ってくださる、とも言えましょう。

さらに進んで、貨物線の小さなガードをくぐります。ここを通れば亀有警察署が左手にあり、先には金町《かなまち》署もあります。震災の際に警察は何と言っても心強いのではないでしょうか。金町二丁目でバスから下車し、再び水戸街道を歩き始めることにします。金町広小路から右へ折れて、江戸川へ向かうのです。最後の新葛飾橋を渡って、やっと千葉県に入りました。

新葛飾橋というのは、最初に階段を登って橋を渡るのですが、地図にも「階段を登って橋を渡る」と赤字で書いてあります。歩きながらでも先の予測がつくという意味で、帰宅支援マップは大変良くできています。

しかし、ここまで歩いてもすっかり疲れているのに、階段を56段も登らなければならないのは正直キツイことです。バスを降りてからも、はや半時間。なんとか登り切ったところで、巨大な江戸川が行く手に横たわっています。

はるか向こうに霞《かす》んでいるのは、千葉県の松戸市。東京は何と広かったのかと改めて思ったところです。たいていの人は、自宅に帰り着くまで何本もの川を横切らなければならないことに、うんざりするのではないでしょうか。普段電車で何も考えずに通りすぎる橋が、実際に歩いてみたらずっしりと足にこたえることに気づきました。

†歩いて初めてわかることは多い

丸の内を出発してから約5時間。距離にして11キロメートルの行程でした。私は山を歩くフィールドワークを専門にしている身とはいえ、ビルや高架橋に囲まれた都会を歩くのにはかなり疲れました。いや、山道よりも舗装道路の上を歩く方が、実は足にはこたえるのです。

これに加えて、震災直後には道路が瓦礫《がれき》で埋まっているはずです。たとえば、自動車が歩道に乗り上げたりしている中で、簡単に歩き通せるものかどうか。はなはだ心許《こころもと》ないというのが偽らざる感想です。

道中で、ペットボトルの水500ミリリットルは、すでに飲み干してしまいました。今は自動販売機で簡単に買えるものですが、震災時にはこの水1本でさらに何キロメートルも歩くかもしれないのです。ともあれ、歩いてみると東京の下町にどんな危険が伏在しているのかが、よく分かりました。また、街中を歩く自分がどのくらい疲労するのかも、実感できました。

携行した地図はとても見やすいものでした。見ないときにはポケットに入れておけるというのも、大事な点です。というのは、歩きながら両手が空けられるからです。もし瓦礫が路上をふさいでいたら、手足を使って乗り越えて進まなければならないのです。私が携行してみた「帰宅支援マップ」は、ポケットに入る縦長の小型本です。ほどよい大きさで、持ち歩くのにもっとも適していました。

読者の皆さんも、ぜひ地図を見ながら自宅まで歩いてみて欲しいと思います。一回では無理ならば、何回かに分けて歩いてみると良いでしょう。まさに、数回にも分けなければ歩き通せないことを体感することが、もっとも意味があるのです。首都圏はいつ震度7の激震がやってきても不思議のない状態にあります。決して人ごととは思わずに、次の休日から早速始めていただきたいものです。

†震災帰宅を阻むもの

一般に、震度6を超えると、道路の通行は不可能になります。電車の振替に使われるバス輸送もまったく機能しません。したがって、大都会に勤めるビジネスパーソンが帰宅するには、徒歩で帰るしかないのです。ここで歩いて帰る状況をしっかりとイメージする必要があります。

人口過密状態の大都市が震災を受けた状況は、1995年（平成7年）の阪神・淡路大震災で初めて明らかになりました。木造家屋が軒並み倒壊して、路上には瓦礫が散乱したのです。細い路地には両側から家屋が壊れ込んで、完全にふさいでしまったところもありました（図3-17）。

また、ビル街の下には地震によって割れた窓ガラスが散乱しました。もし人が歩いていたら、ガラスの破片の直撃を受けたことは間違いありません。地震のあとに続く余震によって落ちかけた看板が落下することもあります。さらに、火災を起こした建物の脇をすり抜けなければならない事態もあるでしょう。

図3-17 1995年に発生した阪神・淡路大震災による建物の全壊写真。鎌田浩毅撮影。

　こうした状況の道路を歩いて帰宅するのですが、普通の人の歩く速さは1時間に4キロメートルほどです。これは遮《さえぎ》るものが何もない歩道を歩いた場合の速度なのです。これに対して、見通しもきかず障害物が多い道路を歩いた場合は、数割ほど速度が減ってしまうと考えられます。

　もし大地震が午後遅い時間に発生したら、夜中まで歩き続けて帰宅することになるでしょう。また、帰宅路にある橋が落ちて通行不能な場合もあるでしょう。予想した道筋で帰れるかどうか、情報を得てから歩き始めなければならないのです。橋や道路の状況を確かめるためにも余分な時間を要するのです。

†「歩きを止める場所」を決める

もう一つ述べておきたいことは、どこかの時点で、家に帰るのをあきらめることです。たとえば、都心から遠く離れて住んでいるため、自宅まで歩くと3日かかる場合があります。

こうした場合には、1日でどこまで歩くかを決めることが大切です。1日ずつ区切りを付けて歩きながら、3日間で自宅まで帰る計算を図上で行います。そして、その通りに着実に家まで歩き通すのです。

これは思ったよりも大変な行動です。都会に住んでいると、3日かけて歩き通す機会はまずありません。こういう人がもし無理をしたら、足を痛めてまったく歩けなくなってしまうでしょう。

さらに自宅に帰り着いてからも、震災後の片付けなどの仕事が山ほど待っています。体力の余裕を持って家までたどり着かなければならないのです。すなわち、家まで完走ならぬ無事に完歩することが、もっとも重要な目標となるのです。大震災でサバイバルするためには、普段はそれほど使わない「歩く」能力が不可欠となります。

震災帰宅マップを手に入れたら、最初に自宅と勤務先との距離を調べてください。『震災時帰宅支援マップ　首都圏版』では、冒頭の折り込みページに全体の地図があります。これを用いると、自宅が都心から何十キロメートルにあるのかが一目でわかります。たとえば、東京駅から調布までは20キロメートルほどあります。八王子までは40キロメートルもあるのです。なんと遠いところから通っているのかと、驚く人も少なくないのではないでしょうか。

日常的に歩く習慣がない人にとって、一日に歩ける距離は15キロメートルまでです。さらに、何日も連続して歩くのであれば、10キロメートルと見積もってもよいでしょう。これでルートに沿って歩くと、具体的に何日目に自宅へ帰れるのかを積算してください。

次に、実際に歩いてみて、自分の体がどのような状態になるかの感覚を身に付けてください。それだけでも震災の準備として十分に価値があるものです。

忙しくて震災を見越して歩く時間など取れない、という人は、とりあえず地図を取り寄せて、机上でシミュレーションをしてください。どんなルートで帰ればよいのか、前もって頭にいれておくのです。これだけでも、震災に遭遇したときに役にたつことは間違いありません。

大切なのは、自分の足で試すこと

私自身が実際に歩いた経験で学んだことは、「無理して帰宅すべきではない」ということでした。帰宅支援マップを手に入れると、全行程を歩き通せるような錯覚を持つかもしれません。しかし、それは全くの誤りです。

私にとって、5時間かけて11キロメートル歩いたのは、かなり足にこたえました。よって、翌日も同じ距離を歩けると思ってはいけません。初日の半分しか歩けないという事態も覚悟すべきです。

帰宅支援マップでは1時間に3キロメートル歩ける配分で見積もられていますが、このペースで歩けるのは初日だけと思った方が良いでしょう。歩き続けて体がくたびれてくることを考えて、自宅までたどり着けるようなプランを立てなければならないのです。

こうしたサバイバル・ウォークの検証は、一度にしてしまうものではありません。分割して5キロメートルくらいずつ、何回にも分けていってみると良いでしょう。もし足が疲れたら、私もしたようにバスに乗り継いで行えばよいのです。ひとまず自宅までの全行程を確認し、自分で体験してみることが何よりも肝要です。

自宅まで帰り着くためには、日常から歩く訓練をしておく必要もあります。「震災サバイバル」では最後は体力が勝負になるからです。毎日歩く習慣を付けるため、たとえばエレベーターは使わず階段を登るのも良いでしょう。健康のためにも防災のためにも、足腰を鍛えておいて損はないと思います。

†帰宅支援マップの選び方

帰宅支援マップに関しては、各社からさまざまな書籍が刊行されています。描かれている内容も大きさもまちまちなので、緊急時にはどれが使いやすいか、各人の好みに従って選べば良いと思います。私は昭文社の『震災時帰宅支援マップ』が優れていると感じたので、以下にその特長を記していきます。

本の冒頭には、「帰宅支援ルート索引図」が載せられています。その次に、シチュエーション別対応マニュアルが3項目、一時滞在マニュアルが1項目、徒歩帰宅マニュアルが2項目、それぞれ用意されています。そもそもこのマップは、歩きながら使うために作られたものです。よって、文字情報はこれくらいで十分でしょう。

その後すぐに地図編に入ります。最初に、「東京都心メッシュ図索引図」があり、このメッシュに従って拡大された地図が出されています。これら23枚の地図は、通常の地図のように、北が上になっています。

また後半では、東京、上野、池袋、新宿、渋谷、品川などの各ターミナル駅から東西南北を含めた12方向へ、別の地図が用意されています。放射状に伸びた街道沿いに、自分の進む方向に従って、まっすぐに地図が描かれているのです。まずこれが、大変読みやすい効果を与えている、と私は感じました。

また、自分の歩いている街道上に、始点から何キロメートルという表示が書かれています。これが歩く上では、大変貴重な情報なのです。普段歩き慣れていない人は、自分がどれくらいで疲労するかを把握しておくことが大切なのです。

†地図は上が北でなくてもよい

放射状に伸びた街道沿いの地図では、「地図の上が北」というきまりには従っていません。このことは、実は特筆すべきことなのです。一般に、新しい土地に初めて来た人にとって、地図というものは大変にわかりにくいものです。そもそも土地勘がないから地図を見ているのに、どちらが北かも見当が付かなくなりがちです。

もし北がわかったとしても、地図を傾けてみると、今度は文字が読みづらくなります。慣れない人にとって、未知の土地で地図を読まされるのは、二重の苦痛となるのです。

私自身、火山のフィールドワークを35年以上行っていますが、初めて訪れた地域で不親切な地図しかないときには往生します。地図の解読とはプロにとっても難儀なものなのです。本書はこの点を見事に解決しているといっても良いでしょう。さすがに地図とガイドブックを出す専門の出版社だけあります。人間の感覚に沿った地図のノウハウが活用されているのです。

本書のもう一つの特徴は、図面を中心に作ってあるので情報が多すぎないことにあるでしょう。たとえば、震災時には、緑地帯やトイレや水飲み場の位置が、プライオリティーの高い情報といっても良いのです。

また、主要な街道は赤い太字で示されています。この道路に沿って歩いて帰宅するのが道に迷わないという点では、もっとも正しいのです。道にはスーパーマーケットやコンビニの位置が記号で示されています。これらは震災時に水や最低限の食料を供給するライフラインとなります。

図3－18　震災緊急時に商品が無料で開放される自動販売機写真。隣には震災時に繋がりやすい公衆電話が設置されている。鎌田浩毅撮影。

さらに、帰宅支援対象道路の案内板が設置されている郵便局が赤く書かれています。東京都選定の帰宅支援ステーションには「援」のマークが付いているのです。これらがどこにあるかを知っておくのは、サバイバル上とても重要でしょう。「ガラス壁」「自動販売機並ぶ」「ブロック塀」「歩道狭い」「頭上に高架線」「高架下をくぐる」などの表示もあります。

ちなみに災害時には、品物が無料で出てくる自動販売機が設置されているところもあります（図3－18）。なお、自動販売機の横には公衆電話が設置されていますが、携帯電話が輻輳《ふくそう》によって通じなくなったときにも使用可能な場合があります。こうした点を普段から知っておくことも大切でしょう。

私も歩いて確かめてみたわけですが、ほとんど誤りはありませんでした。すなわち、編集部はちゃんと歩いて地図を作ったことがわかるのです。なお、地図はなるべく新しいバージョンを入手して歩いてみることを奨めたいと思います。

首都圏のように至るところで新築ビルの工事が行われている地域では、最新情報を得ることが意外に重要となります。これに加えて、書かれているビルの名前やコンビニなどが変わってしまっていることが多々あるからです。

この他にも類書には、さまざまな種類の地図がたくさん挿入されているものがあります。一方で、専門家向けの地図をそのまま転載した本も少なからずあります。おそらく素人には、何を表示しているのか理解しづらいものがあるのではないでしょうか。

その原因の一つは、マップに描かれた情報量が多すぎるからです。本来、地図上には、一つか二つのコンセプトで表示すべきなのです。3項目以上では、明らかに情報過多となります。私の専門である火山ハザードマップ（火山災害予測図）でもよく問題になるのですが、非常事態用の地図は、こうした点を考えて作成しなければならないのです。

ひとつだけ問題点も指摘しておきましょう。過去の版（たとえば2005年版）では、おしまいに地名の索引がありました。これは大変便利なものでしたが、最新版ではなくなっています。東京といっても広いので、長年住んでいる人でも知らない地名があります。ましてや転勤族には、こうした索引は必ず重宝するものです。よって、次の改訂からぜひ復活していただきたいと希望しています。

さて、首都圏版には幹線道路と経由地のリストが付けられています。これによって、自分の歩く場所の目印を確認できるでしょう。都心に向かう道路は錯綜しているので、これらの情報も役にたつのではないかと思います。

最初に、自宅まで帰る自分なりの専用ルートを作ってみましょう。実は、帰宅のための道筋は1本では不十分なのです。地図にも記載されているように、建物が崩れて道路が塞《ふさ》がれていることもあるでしょう。川を渡る橋が落ちていること、障害物が細い道をふさいでいること、などを想定して、複数のルートを用意する必要があります。

なお、震災地図に描かれた倒壊家屋の密集する可能性のある地域のハザードマップは、区役所でもらえます。また、インターネットからも調べることができます。

さらに、疲れ切った場合に公園で休めること、援助物資の届く避難拠点を通ること、などもルートを決める大事なポイントとなります。また、家族が別の場所にいるときには、それぞれルートを複数用意しておきましょう。会社に勤務するお父さん、都心へ買い物に出掛けているお母さん、学校に通っている子どもたち、というように、家族全員用の帰宅ルートを考えておくのです。そして、大地震が起きたらどこで集合するかを普段から決めておきます。

†地図を持って実際に歩いてみる

実は、地図を読むにはそれなりの訓練が必要です。その訓練とは、実際に歩いて地図を読むことなのです。地図に慣れることと、歩くこと自体に慣れること。この二つを普段からやっておけば、ふいの震災に遭遇しても助かる確率がグンと高くなります。

本を入手したら、まず持ち歩いてみることをぜひお薦めしたいと思います。実際に歩いてみると、自分なりの発見があるものです。地図を片手にしながら、初めての地域を歩くことが、そう簡単ではないことに気づくでしょう。さらに10キロメートルという距離を歩き通すことが、いかに大変かも分かるでしょう。

『震災時帰宅支援マップ　首都圏版』では、街道沿いの地図が、すべて30000分の1で統一して描かれています。つまり、地図上の1センチメートルが実際の300メートルにあたります。これを体で知ることが大切となります。

少し歩いてみると、先の予測もつくようになります。山歩きをする人には身近なことですが、日が暮れるまでにどこまでたどり着けるか、がポイントとなります。自分の位置を確かめながら、目的地までの距離も確かめることは、きわめて重要なことなのです。

本節では首都圏を対象に帰宅支援マップの使い方について述べましたが、実は日本のすべての大都市でこの対策は必要です。というのは、日本の人口密集地域はおしなべて地盤が軟らかく、地震が起きたときに揺れやすい弱点をもっているからです。

例を挙げると、関東平野、大阪平野、濃尾平野、石狩平野など国土のわずか6％に、全人口の3分の1に当たる3800万人が暮らしています。こうした方々はみな前もって準備していただきたいと願っています。

3　震災発生シミュレーション

†自分の命は自分で守る

突然、大地震が襲ってきたとき、どのようにすれば生き延びることできるでしょうか。

本節ではその対処法を考えてみます。

自治体が策定する防災計画は、そこに居住する住民を守ることを第一に考えています。つまり、自宅のある市や区が、自宅周辺に関してはある程度のレベルまでは手当をしてくれるでしょう。しかし、遠く離れた都市部に残された通勤・通学者、買い物客や旅行者に対しては、自治体は手の施しようがないのです。つまり、あなたの命を守れるのは、あなたしかいないのです。

以下は、大震災でサバイバルするための必要最低限の情報です。

†電車から脱出するには

震災が襲ってくるとき、あなたがいるのは部屋の中とは限りません。たとえば電車の中で被災するとどうなるでしょう。まず、震度5を超える揺れがあると、電車はすべてストップしてしまいます。

揺れがひどい場合には電車そのものが脱線することもあります。地震のあとに運転を再開するためには、鉄道職員が線路の状況を歩いて確認しなければなりません。東京を例にとれば、首都圏とその近郊を走っている全部の電車がこのような状態になりうると言っても過言ではありません。

さらに、点検する人員にも限りがあるので、震災直後はそれどころではないかもしれません。よって、いったん止まった電車が動くのは数時間後、下手をすれば2～3日は止まったままであることを覚悟しなければならないのです。

東日本大震災の発生時、首都圏の揺れは震度5強に過ぎなかったのに、5時間以上電車がストップしたままで、とくにJR線は終日運休していたことを思い出していただきたいと思います。ちょうど金曜日だったこともあり、駅には通勤・通学者などがあふれ返り、みな一様に疲労困憊《こんぱい》していました。

地震で停止した電車から離れる際には、多くの危険があることも覚えておいてください。地下鉄の軌道内では、電力を供給する高圧線が路面の脇を通っています。もし不用意に触れると、一瞬で感電死してしまうので注意が必要です。これとは逆に、高架線上で停止した電車から地上に降りるのも同様に困難を伴います。隣の駅まで歩くか、安全な階段を探さなければならないからです。

都心の「新交通ゆりかもめ」など海上を走っている交通機関の場合は、さらにやっかいです。これは自動運転されているため、運転士が乗車していません。音声装置から避難のためのアナウンスが流れるのですが、乗客が冷静に行動しなければパニックを誘う恐れがあります。おそらく数十分後に車両へ到着した駅員の誘導に従って、走行路を歩いて駅へ戻ることになるのではないかと予想されます。いずれも、日が暮れてからの退避が特に危険です。

†外出時に何を持つべきか

自治体も近年発生した震災の反省をもとに、昼間人口への対策を考え始めています。たとえば、一時的な避難場所として、自治体の所管する施設・公園や公立高校が開放されることになっています。これらを拠点として帰宅困難者を支援するのですが、あまりにも人数が多すぎる場合には思わぬ混乱が予想されます。

怪我を負った人が次々と集まり、ショックで茫然自失状態に陥ってしまう人もいるでしょう。生まれて初めて震災に遭遇し混乱している避難民が押しかけた状態で、救助活動を行わなければならないのです。

まず水と食料が直ちに不足すると考えられます。内陸型の直下型地震である阪神・淡路大震災や新潟県中越地震では、地震を受けた翌日まで水と食べ物がほとんど届きませんでした（図3－19）。ひるがえって、はるかに人口過密な首都圏が被災した場合には、こん

図3-19 1995年1月に発生した阪神・淡路大震災の被災風景。鎌田浩毅撮影。

なものでは済まないことも想定しておく必要があるのです。

　では、震災から身を守るためには何がいちばん必要でしょうか。私は東京に出張する際には、500ミリリットルの水、食べ物（スティック型の羊羹《ようかん》）、ポケットライト（携帯ペンライト）、帽子、手袋をいつも持ち歩いています。手提《てさ》げカバンの代わりに、ちょっとお洒落《しゃれ》なリュックサックを背負って出かけるのですが、その中にこれらを常備しているのです。

　リュックサックの良い点は、両手が空くと言うことです。これを背負えば、手提げカバンよりもはるかに重い物を運ぶことができます。一種の「防災ザック」を普段から使っているのです。

　これらは「外出時常備携帯品」とも呼ばれますが、緊急時となる前から持ち歩いていることがポイントです。たとえば、買い物に外出したり出張に出かけたりする際に、突然災害に出合うことを考えて、カバンやバッグにも防災グッズを携行するのです。まさかの時の急場がしのげる最小限の品物です。

もし外出中にエレベーターに閉じ込められても、水と食べ物とライトがあれば数時間をしのげます。防災グッズは自宅に備蓄するだけではありません。ちょっとした外出時に持っていれば、何が起きてもすぐに対応できるのです。

†足回りも大切

前節での震災帰宅を想定した体験レポートでも述べたことですが、歩き方にも工夫がいります。たとえば1時間歩いたら10分間ほど休憩するのが良いでしょう。また、足に豆ができていないことを確認しながら、決して無理をせずに歩くようにします。いったん足が痛くなると、歩く速度は急に落ちるからです。もし豆がつぶれでもしたら、あとはほとんど歩けなくなってしまいます。

このようなことがないように、ビジネスパーソンの場合には勤務先のロッカーに歩きやすいスニーカーを入れておくのです。あまり使わなくなった履き慣れた古い靴を入れておく、と言うのも賢い選択です。サバイバル・ウォークなどに出かけて、一度試しておくと良いでしょう。

　また、歩くときには水分を適宜《てきぎ》補給することを勧めたいと思います。山に登るときのように、休憩時間には水と食べ物を少し摂取してみましょう。これだけで疲れ方がずいぶんと違ってくるはずです。

　道路沿いを歩くときには、上から落ちてくる物体から頭を守ってください。そのために帽子はぜひとも携行してください。小さく折りたためるものでも良いのです。本震のあとに必ず来る余震でも、ビルからガラス片がさみだれ式に落ちてくるでしょう。ひどい場合には、落ちかかった看板が落下することもあります。

　こうしたときには、週刊誌の一冊であっても頭にかざせば、致命傷を防ぐことができます。なお、日差しの強い昼間に歩く場合には直射日光が体力を奪うので、そのためにも帽子をかぶることを推奨したいと思います。

　手袋か、もし用意できれば軍手も、サバイバルには必需品です。震災後は、至るところに怪我をしかねない障害物があふれています。道をふさいだ瓦礫の山を手足を使って乗り越えていく経験を、私も神戸で経験しました（図3-20）。特に、神経が集まっている指を守るのは、非常時には大切なことです。

懐中電灯と携帯ラジオも、できれば準備したいグッズです。携帯ラジオは手回しで発電して使用できポケットにも収まるものが売られています。電源がなくなったときに情報を得る手段を用意するのは、とても重要なことです。基本となるのは、誰の支援なしにも一人一人がサバイバルできる最低限の物を常に用意しておく、という発想です。

図3-20 1995年1月に起きた阪神・淡路大震災の被災風景。鎌田浩毅撮影。

†会社や学校での準備

次に、都市部に事務所をかまえる企業や学校がすべき対策を見ていきましょう。ここでのポイントは、自宅に用意すべき同じものを、会社や校舎にも人数分だけ備蓄する、という考えかたです。帰宅できない人があふれ返る都会のオフィスや学校を、物資供給の拠点にするのです。

その中でも飲料水の備蓄は、最重要課題といえます。

私の友人の地震学者は、郊外の自宅に家族全員のため

40本ほどのペットボトル（2リットル入り）の水を用意しています。

会社や学校で言えば、全従業員もしくは全校生徒が3日間滞在可能な量の水と食料は、最低限必要でしょう。いつ帰れるかわからない人であふれ返ることを考えると、1週間程度暮らせるだけの備蓄があるとなお良いと思います。事務所には薬品や電池などの防災品も用意します。たとえば、コーヒー用の砂糖はコンパクトなので、いざというときのエネルギー補給源にもなります。

トイレの問題は、大都会を襲う地震の隠れた問題です。水を供給するライフラインが破壊された場合には、水洗便所がまったく使用不能となります。緊急に下水用のマンホールに板を差し渡して、そのまま垂れ流す簡易トイレにしようという案があります。さらに、尿を吸収する高分子繊維を持ち歩いて使う、という商品も出ています。大量の帰宅困難者が生じる前に早急に対策が必要な分野です。

†安否をどのように確認したらよいか

地震に遭ったとき、まず自分の身を守ることは言うまでもありませんが、助かったことを家族や知人に伝える必要があります。安否の情報を迅速に伝えられただけでも人は安心するものです。

無理をしてでも家族や恋人のもとに行こうという行動もなくなるでしょう。血相を変えて街を歩きまわる人が減り、重傷の人を助ける余裕も出てきます。震災後の大混乱を少しでも減らすために、情報をこまめに交換しておくのは確実に減災につながるのです。

日常であれば電話がもっとも早い手段です。しかし、大地震や大津波が襲ってきた直後には、肝心の電話が使えなくなるのです。何百万人という人が一斉に電話をかけた場合に生じる電話回線の障害です。輻輳《ふくそう》と呼ばれる現象ですが、電話局でも必死で対策を講じていますがまだ十分ではありません。こうした事態を避けて、安否情報を的確に伝達する三つの手段を以下に紹介しましょう。

一番目はＮＴＴが用意している「災害用伝言ダイヤル」です。１７１の番号に電話をかけると自動音声の案内があり、メッセージを30秒間無料で録音できます。それが済むと、今度は自宅の電話番号を入力できるようになっています。

こうした作業をしておくと、その後に家族が１７１と自宅の番号を入力すると、録音されたメッセージを再生できるのです。この番号は「１７１＝イナイ」と覚えておけばよいでしょう。

なお、震災の際に企業や家庭の回線が不通になっても、公衆電話は優先的に回線が確保されるようになっています。携帯電話の普及によって公衆電話は減る一方でしたが、東日本大震災での活躍をきっかけに、その役割が見直されています。

最近では、大地震発生時に自動的にコインが戻ったり、無料で電話が使えるシステムも準備されています。また、避難場所には、無料の電話が多数設置されることになっています。どうせ今どき公衆電話なんて見つからないから、とあきらめずに、テレフォンカードやコインを用意しておくことを強くお勧めします。

次は、携帯メールを用いたメールメッセージです。大規模な災害が発生すると、各携帯会社のインターネットスタートページのメニューの中に「震災用伝言板」が即座に立ち上がります。

ここに「無事です」「避難所にいます」といった情報を入れたり、百文字までのコメントが入力できます。安否を確認したい人は、先の情報を入力した人の携帯番号を入れれば、内容が閲覧できるという仕掛けです。安否を確認したい相手が自分と違う携帯会社の端末を使っていても、他の携帯会社の震災用伝言板も含めて横断的に検索できる仕組みがあるので、心配はありません。

また、Ｇｏｏｇｌｅ社が提供する「パーソンファインダー」というサービスがあることも覚えておいてください。こちらは名前を入力して、安否情報を登録・確認することができます。

東日本大震災では、避難所に張り出された手書きの安否情報までもが、ボランティアの手によってパーソンファインダーに入力されました。つまり、インターネット技術になじみがなく、自力ではネットに安否情報を登録できないような方の安否情報すら登録されたのです。こうしたソーシャルネットワーク関連のサービスは、日進月歩で進化していますので、ぜひネットで最新版を探してみてください。

†携帯電話は夜中に充電しておく

もう一つ大事なことがあります。携帯電話の電池は、常にフルに充電しておくことが望ましいでしょう。電池の消耗を押さえるために、空になるまで使ってから充電するという若い人が多いようです。しかし、大震災の緊急時のことを考えると、あまり勧められないように思います。

私の場合、毎朝携帯電話を持って出るときには充電が完了してあります。リスクを下げるためには、これがいちばん手っ取り早いのではないでしょうか。また、市販の電池に接続できる充電器を持ち歩くのもよいでしょう。

安否確認は先述の震災用伝言板やパーソンファインダーで行い、不必要な電話はかけないことが大事とは言え、大地震が起きれば、多くの人が必死で電話をかけまくることになります。輻輳《ふくそう》が起きることはほぼ確実と覚悟すべきです。電波状況が悪ければ電池の消耗は早くなります。しかも、丸一日か二日の間、簡単には充電できないことも予想しておいた方がよいのです。

三番目は、上記のようなハードに頼らない「古典的」な方法です。地震に遭遇したら、知り合いの第三者に電話をかけるか、ツイッターでつぶやくかすることで、自分が安全であることを伝えておくのです。田舎の両親や兄弟でよいし、共通の知人でもよいでしょう。情報の迂《う》回路を、普段から用意しておく方法です。

日本列島では至るところに直下型地震の巣があるので、そうして頼んでおいた知人も震災に遭遇する可能性があります。その場合には、今度は自分がキー局の役割を果たせるのです。何もない平常時にこうした人間関係を築いておき、まさかの事態を互いに乗りきるようにしたらいかがでしょうか。

この方法は、地震に限らず台風でも噴火でもテロでも、すべての突発災害時に対応できます。実際、私は1986年（昭和61年）に伊豆大島火山が大噴火したときに、この方法で連絡しました。500年ぶりという大規模な「割れ目噴火」に遭遇したのですが、伊豆大島に住む住民10000人が島外へ避難するという大混乱の最中に、自分が無事であることを、真っ先に私の友人へ電話で伝えました。

その直後に、電話はすべて不通となったのですが、幸いその友人が私の家族や勤務先に連絡してくれたので、無事に帰宅するまで心配をかけることをせずに済みました。この時の状況は拙著『地球は火山がつくった』（岩波ジュニア新書）に描写しましたので、ご参考にしていただきたいと思います。

災害発生時にどこに集まるかを、家族の間で決めておくことも大変重要です。自宅でも勤務先でも、また両者の中間地点でも良いでしょう。もっとも被災しにくい、安全な場所を決めておき、そこを目指して集合するのです。

もし、そこから別の避難場所へ移った場合には、メモを置いておくようにします。たとえば、自宅の玄関に「〇〇の避難場所にいます」と書いた紙を貼るのです。万が一、何日間も連絡が取れない場合でも、これによって会うことができます。なお、家族で旅行に出ている時に被災した場合は、宿泊施設を集合場所に決めておくと良いと思います。こうしたことも事前に、家族の間でよく話しあっておくと良いでしょう。

†家で準備する防災

次に、家庭で用意すべき防災用具について考えてみます。世間では「防災グッズ」という言葉があり、通信販売でもさかんに売られています。防災グッズをそろえる際に大切なことが三点あります。

第一に、地震の直撃を受けて即死するリスクを避けるための必需品を用意することです。第二に、自宅を離れて避難する際に、どうしても持ち出したい財産と、避難所に移るまでの1~3日間を生き抜くために必要なサバイバルグッズを準備することです。

さらに、自宅付近が激しく揺れたためライフラインがしばらく止まった場合には、避難所での生活を余儀なくされます。

よって、第三に、避難生活が長引いた場合に、健康を害することなく、できるだけ快適にすごせるようなものを用意することです。

ポイントは、市販品として売られているものを事前に購入しておくこと、普段の生活でも使えていざというときは非常用にもなるものを備蓄すること、の二点です。これによっていつ巨大災害が襲ってきても大丈夫なように、準備をおこたりなく行います。

†必需品1：即死回避グッズ

この項目として第一のものは、家の倒壊を防ぐための方策です。たとえば、木造住宅の場合には、耐震診断を行って、どのくらいの震度で倒壊するのかを知っておきます。また、それに従って、家屋の耐震補強を行います。

図3-21 1995年の阪神・淡路大震災の被害状況。鎌田浩毅撮影。

阪神・淡路大震災でも、古い木造家屋が全壊して数多くの方が圧死しました（図3－21）。これを防ぐことが最大の防災なのです。さらに、寝ている真上に家具やテレビが倒れてきて、大けがをした方がたくさん出ました。よって、寝室には家具を置かないこと、もし置くのであれば確実に固定することが必要です。寝ている最中に死なないことが最大の地震対策になるのです。

就寝中に家具の転倒を防ぐ器具は、生命を守るための最重要品となります。まず簡単なものとしては、家具と天井の間に取り付ける突っ張り棒式の家具転倒防止器具があります。次に、家具と壁をネジで固定するL形金具が効果的です。

鉄製の突っ張り棒式と、家具の下に差し込むストッパー式を併用すれば、L形金具とほぼ同等の効果を得られます。なお、プラスチック製よりも鉄製の突っ張り棒式が壊れにくく望ましいでしょう。いずれもホームセンターなどにはたくさんの市販品がありますが、実際に手にとって確かめていただくとよいと思います。家具転倒防止器具は、まさに今晩から準備していただきたい必需品です。

†必需品2：一次持ち出し品

次に、地震を想定して、非常用の持ち出し袋に入れるものを考えておきましょう。「一次持ち出し品」と呼ばれますが、緊急時に必要な商品をコンパクトにまとめたリュックを用意しておくのです（図3-22）。

この中には、前もって下記のものを入れておきます。飲料水（500ミリリットルのペッ

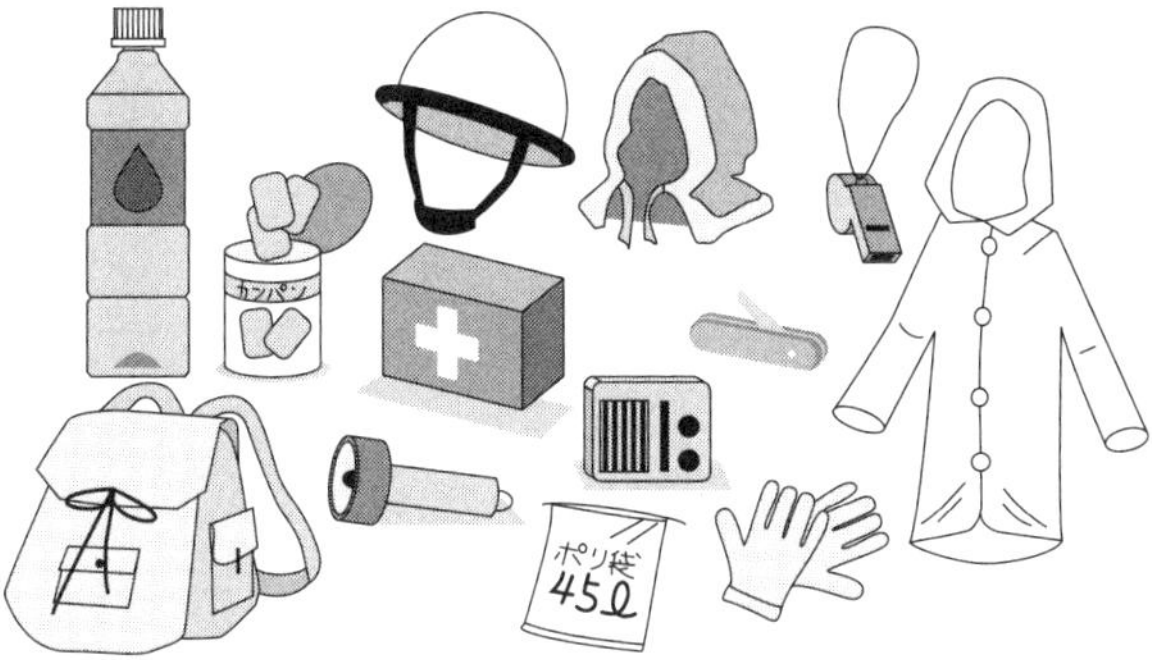

一次持ち出し品の例 (リュックサックなどに入れて保管)

※1日分が目安
ヘルメット(防災ずきん)/マスク/ゴーグル/食料(カンパンなどの軽食)/水(ひとり3リットル)/携帯ラジオ/救急キット/現金/懐中電灯/コップ/預金通帳や保険証のコピー/雨具/ナイフ/ポリ袋

図3-22 緊急時に持ち出すサバイバルグッズを入れたリュックとその中身(一次持ち出し品)。直ぐ取り出せるように玄関や子供部屋のそばの壁に掛けておく。フォーバイフォーマガジン社『震災マニュアル』による図を改変。

トボトル数本)、非常食、現金、貴重品(預金通帳、印鑑など)、懐中電灯、携帯ラジオ、電池、ローソク・ライターまたはマッチ、医薬品(消毒薬や痛み止めなど)、雨具など。

なお、電池などは使えるかどうか、年に一回はチェックするとよいでしょう。

また、防災グッズを十数点まとめた避難リュックセットも市販品として売られています。自分で一つ一つ用意するのは面倒という方は、避難用リュックなどを購入するのは、手間をかけ

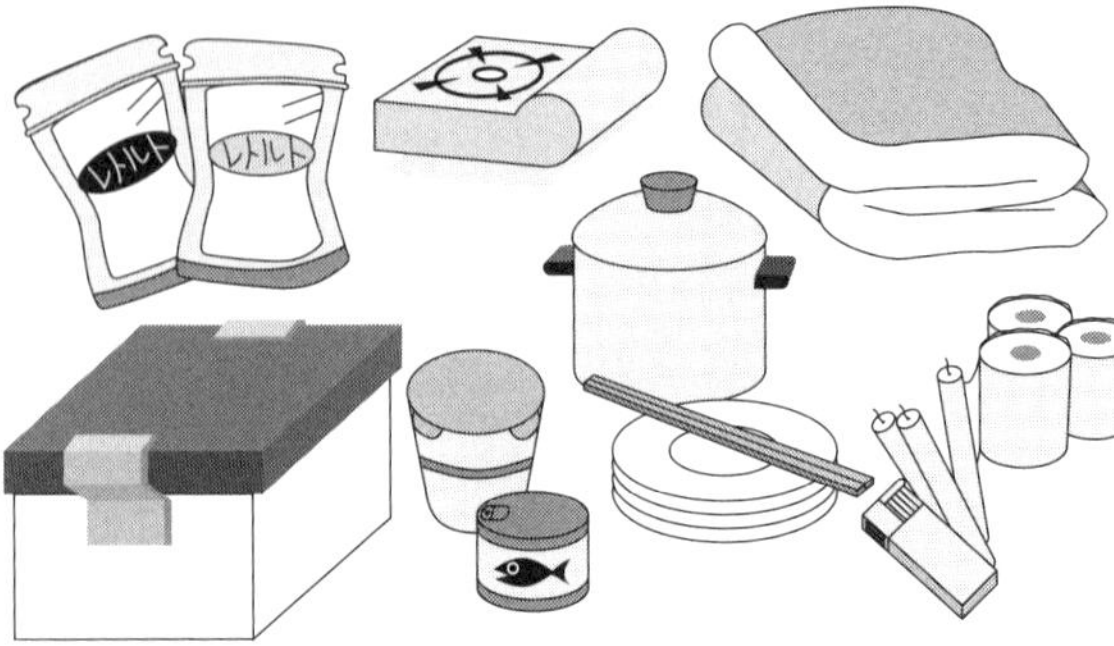

二次持ち出し品の例 （コンテナなどに入れて保管）

※3日分が目安

食料（インスタントラーメンやレトルト食品、缶詰など）／水（ひとり 9 リットル・保存期限の長いもの）／鍋／食器（アルミ容器や紙皿などコンパクトなもの）／ガスコンロ／ライター／ろうそく／乾電池／トイレットペーパー／防寒着／毛布（または寝袋）／下着／印鑑／その他、生理用品やオムツなど

図3－23 緊急避難後に生き延びるための生活必需品（二次持ち出し品）。フォーバイフォーマガジン社『震災マニュアル』による図を改変。

ずに災害に備える一つの方法です。まったく何も用意しないよりは、はるかに良いことです。

必需品3：二次持ち出し品

一次持ち出し品では1日しか耐えられないので、コンテナなどにより充実した備蓄をしておく必要があります。これは「二次持ち出し品」と呼ばれますが、コンテナに保管された品でさらに3日間をしのぎます（図3－23）。

まずは飲料水です。人間ひとり1日当たりで2リットルの水が最低限必要と言われています。もし可能であれば、1日当たり3リットルを用意したいものです。日数としては3日間が最低ラインです。

これが家族4人となれば、3リットル×3日×4人の計36リットルとなります。すなわち、2リットル入りのペットボトルで18本の備蓄をしなければなりません。なお、水は普段から使うようにして、常に新しいものが補充されるようにしておくとよいでしょう。

なお、水の保存に関しては、ペットボトルに水道水を満たして、空気が入らないようにキャップをしっかりとしめると、数週間はもつという方法もあります。

次に食料関連です。大地震に襲われると電気やガスなどライフラインが真っ先に止まります。したがって、加熱器具がなくても食事ができるように準備しておきます。

まず、火を通さないでも食べられるクラッカーや缶詰など長期保存食を家にストックしましょう。次に、携帯コンロなどで暖めればすぐに食べられるレトルト食品やインスタント食品を用意しておきます。

なお、保存可能な期間が長いものを備蓄して、こちらも休暇のハイキングやキャンプなどで毎年使って、新たに補充するようにします。これも水と同じ補充システムを普段から作っておくことが大切です。
キャンプ用品としての卓上コンロ（カセット式コンロ）、ガスボンベ（予備ガス）、固形燃料、簡易食器セットも、緊急時には威力を発揮します。

衣料品も忘れてはなりません。冬期に地震がきてもっとも困るのが防寒です。そのために、重ね着のできる衣類を用意します。震災が長期にわたることを考えると、下着類や靴下もあるとよいでしょう。いずれも普段使わなくなった古着などを洗濯して、非常用の衣類として用意しておくとよいのです。これらに加えて、野外での避難生活を想定して、寒さを防ぐ防寒用の毛布、軍手、雨具、カイロも余裕があれば用意します。

最後に、情報入手器具と照明器具です。東日本大震災の際に携帯電話がなかなかつながらず、情報入手に困った人がたくさん出ました。ここでは改めてラジオの重要性が再認識されました。
停電時にリアルタイムで情報を得るために、携帯ラジオと予備の電池を用意します。また、電池のいらない手回し充電ラジオも市販されています。そのほか従来から使われているものとしては、懐中電灯、ろうそく、マッチがあると良いでしょう。

†必需品4：避難生活対応品

「避難生活対応品」としては、下記の備蓄品があります。

家族全員が2週間食いつなぐための水と食料や、ライフラインの寸断が長引いた場合に生き延びるための必需品を用意します。なお、賞味期限が迫ってきた食品は、日常の食事のメニューに入れて新しいものを更新できるようにします。

災害時になると、思わぬ使い方で役に立つ日用品があります。簡易ガスコンロはマッチやライターなしで火を得ることができます。普段から使えるものですが、実は有力な防災グッズでもあることを知っておくと良いでしょう。

また、布製の粘着テープには、油性マジックを使ってメモに使用したり、ガラスの破片を取るときに利用できます。さらに、食品用のラップは、水不足の時に食器に使うことが可能です。また余った食べ物の保存など多用途に使える優れものです。

梱包用の紐《ひも》、風呂敷、ダンボールは、居場所を確保したり、防寒に役立てたり、思わぬ使い方が可能です。自宅が被災した場合には、キャンプ用品などのアウトドア用のグッズが役に立ちます。たとえば、テント、寝袋、バーベキュー用品一式は、そのまま避難生活に使えます。

ロープ・ビニールシート・雨具、ナイフ、ハサミ、タオルは、さまざまな用途で使うことができます。さらに、水を確保するための折り畳みポリタンクが、給水車から飲料水をもらってくるときに便利です。

先ほども触れたように、大規模な震災となりライフラインがしばらく途絶えたときに困るのがトイレです。長期間の断水に備えて携帯用トイレが必要ですが、紙袋、ビニール袋などの予備もあるとよいでしょう。

緊急時には自分が避難するだけでなく、被災した人を救助することもあります。こうした際に必要な避難・救助用品があります。ナイフ、ロープ、シャベル、バール、ノコギリ、ハンマー等の工具です。もし自宅に倉庫があれば、ここに上記の防災用品をストックしておくのも良いでしょう。

ところで、防災グッズを選ぶ際にはポイントがあります。まず、家族構成を考えて緊急に必要なものを用意します。乳児・幼児・高齢者がいるかどうかで内容が大きく変わってくるからです。

次に、自分たちにとって使いやすいもの、たとえば食品で言えば食べ慣れている食材を選ぶようにします。さらに、必要最低限の品から準備して、持ち出し袋があまり重くならないようにします。非常時に持ち出せなければ何の役にも立ちません。少し少なめくらいでも最重要の品を厳選します。

また、完璧主義に陥らないようにすることも大切です。防災のアドバイスを受けると、これも必要、あれも必要と考えがちですが、用意する最中に嫌気がさして止めてしまっては元も子もありません。よって、自分の好きな食べ物から詰め込んでみてはいかがでしょうか。とにかく日常生活で防災のための備蓄を気軽に始めることが肝心です。

†防災グッズに関する本

地震防災のためにどのような品物を準備していればよいか、書店に売られている防災グッズに関する本を参考にするのがよいでしょう。カラー刷りで商品名を挙げて分かりやすく解説したものもあり、目的ごとに品物のメーカー、価格、寸法、さらに問い合わせ先の電話番号まで親切に記載している書籍もあります。実際に使ってみた様子まで写真入りで紹介されているので便利です。

例としては、地震イツモプロジェクト『地震イツモノート』（ポプラ文庫）、草野かおる『4コマですぐわかるみんなの防災ハンドブック』（ディスカヴァー・トゥエンティワン）、玉木貴『地震　わが家のお助けノート［書き込み式］』（青春出版社）、久保内信行『大震災サバイバルハンドブック』（アスペクト）、『女性のための防災BOOK』（マガジンハウス）、西村淳『身近なもので生き延びろ』（新潮文庫）などがあります。それぞれ特徴が異なるので、本屋で実際に手に取り自分に合う本を選んでみると良いと思います。

なお、防災グッズに関する方法論は、アウトドア業界で専門に研究されています。私の経験では、サバイバルグッズは登山用に作られた品物がもっとも優れていると思います。というのは極限状況で体を守るために、科学技術の方法論が存分に活用されているからです。

たとえば、モンベル社の「浮くっしょん」のように、日常は座布団として食卓などで使用し、津波が襲ってきたときにはライフジャケットになる製品が開発されています。東日本大震災の時の津波は40分から1時間ほどあとに到達しましたが、西日本大震災ではわずか10分ほどで襲ってくる地域も少なからずあります。

地震の揺れが収まって、金銭や携帯電話など必要最小限のものを持ち出すだけでも、数分はかかるものです。よって、こうした場所では津波対策として、特別な防災セットを押し入れの中に準備するよりも、普段から使っているものが防災グッズに早変わりすることが大切なのです。

私自身も、こうした優れたアウトドア用品を、防寒具、雨具、下着などに利用していま す。デパートなどで実物を見て、自分の生活に合ったものを選んでみることをお薦めします。

†企業が準備する事業継続計画

巨大災害が起きると、個人や家庭だけでなく企業にも大きな影響が出ます。企業が震災などの予期せぬ事件の発生後に、できるだけ早く事業を復旧し最小限の活動を継続するための行動計画があります。

ＢＣＰ（Business Continuity Plan、事業継続計画）と呼ばれるものですが、ここにも震災を乗り越えるためのたくさんのノウハウが用意されています。ＢＣＰは緊急事態が起きる前の平時から対策を練っておくことですが、企業活動の速やかな復旧と継続に力点が置かれています。

ＢＣＰの策定では企業が被る可能性のある損害を想定し、突発事が起きても優先的に復旧する仕事を決め、復旧の手順と完了時の目標を立てます。こうしたＢＣＰは時期を置いて見直し、より効果的な計画を設定するようにします。

その中で、指揮命令系統の維持と意思決定に関するシステムを作り、緊急時の危機管理が的確にできるように普段から準備を行うのです。なお、解説書として、緒方順一・石丸英治『ＢＣＰ〈事業継続計画〉入門』（日経文庫）、昆正和《こんまさかず》『あなたが作るやさしいＢＣＰ第2版』（日刊工業新聞社）などがあります。

†心の動揺を防ぐために

生涯で初めて出会うような大地震に遭遇すると、誰でも気が動転します。ここで冷静な気持ちに戻れるかが、サバイバルでは鍵を握るのです。動揺すればするほど普段の判断力を失ってしまい、時にはパニックに陥るからです。心の動揺がいちばん災害を増幅すると言っても過言ではないのです。

できるだけ早く平常心に返るためには、正しい情報を頭に入れるのがよい方法です。理解を超えるような現象が起きたときに、人は予想もつかない行動を起こすことがあります。

実は、地震現象そのものよりも、混乱をきたす「気持ち」の方が問題なのです。たとえば、注射のきらいな子どもの場合、針を刺す痛みよりも、腕に何か刺される恐怖感から泣き叫ぶのです。痛みがたいしたことではないことを理解すれば、このようなパニックにならずに済むでしょう。

地震の際にも、どこで何が起きたのかが良く把握できれば、比較的早く冷静さを取り戻すことができます。そのために、リアルタイムで情報を得られる携帯ラジオを持つことを奨めているのです。

次に、まわりの人に声を掛けてみることをお勧めします。同じ体験をしたもの同士で会話をすれば、少し心が落ち着いてきます。知らない人であっても、まったく構いません。話をしているうちに、次に何をすべきかも見えてくるでしょう。非常時には、遭遇した人同士で仲間意識を持つことが、二次災害を大きく減らすことにつながるのです。

もし自分が怪我を負っていたならば、遠慮なく助けを求めましょう。逆に、怪我をしている人がいたら、積極的に手を差しのべたいものです（図3－24）。阪神・淡路大震災や東日本大震災の場合でも、救急車の到着する前に周囲の人たちの行った応急措置が、何千

図3-24 東日本大震災で被災したお年寄りを救出する様子。小学校で一夜を過ごした翌日に救助された。2011年3月12日午後5時、仙台市若林区。共同通信社による。

人という命を救ったのです。

人を救うことで、自分自身も励まされることになります。自分自身の心の動揺を減らすためにも、まわりの人に貢献するというのはもっとも効果的な方法なのです。

もう一つ、サバイバルにおいて重要な点は、意志をどう保つかという問題です。必ず助かると思っている人は、どんなひどい状況でも助かるのです。反対に、もうダメだと思った瞬間にダメになる例は、古今東西にわたり枚挙にいとまがないほどです。それほど人は自分の思い込みに大きく支配される動物なのです。

震災が引き起こす極限状況では、「プラス思考」こそが力を発揮します。多くの危機管理の専門家が強調していることですが、普段自分が生きる目的をはっきりと持っているか否かによって、生存率が左右されるという報告もあります。

すなわち、生きようとする力、人生の目的が、災害死を遠ざけてゆくのです。こうした事実は、救急医療の現場でもしばしば報告されているものです。たとえば、具体的な体験を持つ人からこうした話を聴くことも大切です。このように、突発的な自然災害には、プラス思考と目的志向で対処していただきたいと思います。

第四章

防災から減災へ
——社会全体で災害と向き合うために

1952年11月3日に発行された「文化人切手　寺田寅彦」。
寺田は自然災害を減らすために、市民と科学者のコミュニケーションについて模索した。

1　被害拡大のメカニズムと対策

†災害を「減らす」意識の重要性

地震や噴火などの自然災害を防ぐためには、二つの流れがあります。一つは、第二章の西日本大震災の節でも述べたように不意打ちを食らうような事態をできるだけなくそうということです。言わば、「想定外」を可能な限りなくそう、というものです。

この考え方は、東日本大震災の発生以降、国や科学者が国家予算をかけて行う防災事業の根底にある考え方です。

たとえば、今後起きる地震や津波に対しては、「最大の震度」また「最大の波高」を想定して、どのような地震や津波が来ても人々を守れるように万全の対策を講じていこうとしています（第二章の図2-15を参照）。現在、防災に関する予算は国や自治体の手でこの発想をもとに組まれ、法整備と施行が着々と進められています。

もう一つは「防災から減災へ」という発想です。自然の引き起こす巨大な災害を、人間は完全に防ぐことなど到底できないからです。ともすれば防災という言葉が一人歩きし、すべての災害を克服しなければならないと考えがちです。しかし、科学的にも、予算的にも、災害を完全に防止することは不可能なことです。

実際には災害をできる限り減らすこと、すなわち「減災」しかできないのです。こうした考え方は東日本大震災のあと広まってきました。われわれ人間は自然がもたらす営為に対して、どこまで対応できるかを現実的に考えるようになったのです。

いま、テレビを始めさまざまなメディアで「地震発生確率」が話題になっています（第三章の1を参照）。その一つ一つの数字は科学的なシミュレーションに基づいてきちんと計算された数値です。ところが、私が見ている限り、その発生確率に関心を持つ多くの人々は、最新の数値を知ることに汲々としているようにも見えます。

大切なことは数字に一喜一憂することではなく、自分の行動を変えることができるかどうか、です。直下型地震など巨大災害はいつ起きても不思議ではありません。したがって、地震が必ず来るという前提で身の回りに対して準備を始めていただきたいと思うのです。

†「指示待ち姿勢」からの脱却

「減災」の成功を支えるキーフレーズは、「たったいま自分ができることから始める」ということです。すなわち、誰かの指示を待って、それに従って行動すればよい、という受身の考え方ではいけないのです。また、非常時になってから行動を起こせばよい、という姿勢とも違います。

専門家は綿密なシミュレーションや過去の事例に基づいて、たくさんの有益な情報を発信しています。それらの情報を十分に参考にしながら、自分たちが日常できることから開始することが大切です。

本書を手に取られた読者の方は、読み始めたという時点ですでに行動を起こしていると私は思います。このきっかけを逃さずに、普段の生活を送りながら災害に備える「減災」を目指していただきたいのです。

かつて私は、専門家が防災情報を市民にわかりやすく提示することが重要な仕事だと考え、読みやすい新書版で火山防災の本を刊行しはじめました。その後、書籍で伝えるだけでは不十分なことに気づき、テレビや講演会で市民向けの解説を行ってきました。私はこうした行動で「アウトリーチ」は完了だと考えていたのです。

しかし、「3・11」に遭遇して、それだけではまったく不十分であったことに気づきました。専門家の側からの一方的な情報伝達だけでは人を救えないことが露呈してしまったのです。

こうしたことを考える際に、大変参考になる先人がいます。明治大正期に活躍した物理学者の寺田寅彦です（第四章の章扉写真を参照）。彼は地震・津波・気象などがもたらす自然災害について、日本で初めて研究を開始しました。

大正一二年（1923年）の関東大震災を経験した彼は、今後日本でいかにして災害を防いだらよいかを考え続けました。地球科学の専門家は、地震や台風など不定期に突然起こる災害に対して、危機感を喚起しながら事前に啓発活動を行います。

それにもかかわらず、いくら防災には準備が大切であるかを語っても、行動を起こさない人々がほとんどでした。こうした状況に寺田は苛立《いらだ》ちを覚え、昭和一〇年（1935年）の「中央公論」誌上で読者にこう問いかけます。

「よくよく考えて見ていると、災難の原因を徹底的に調べてその真相を明らかにして、それを一般に知らせさえすれば、それでその災難はこの世に跡を絶つというような考えは、本当の世の中を知らない人間の机上の空想に過ぎない」（『寺田寅彦全集』第七巻「災難雑考」、岩波書店、351ページ）。

寺田は一般市民が理解できる言葉を使い、彼らが関心を持てるようなテーマを用意して科学について解説を行いました。のちに「科学随筆」としての膨大な量の著作が残されています。

実は、寺田は自然現象に対処する際に必要な、科学特有の「ものの見方」を伝達しようと努力したのですが、その効果はなかなか上がらず悩んでいました。その後、寺田は自分が専門とする地震や津波の情報を与える側の科学者と、情報を受け取る側の人々の間に横たわる溝に気づきました。たとえば、「津浪と人間」という随筆には以下の文を残しています。

「学者の方では「それはもう十年も二十年も前にとうに警告を与えてあるのに、それに注意しないからいけない」という。するとまた、罹災《りさい》民は「二十年も前のことなどこのせち辛い世の中でとても覚えてはいられない」という。これはどちらの云《い》い分にも道理がある。つまり、これが人間界の「現象」なのである」（『寺田寅彦全集』第七巻、288ページ）。

こうして寺田は、おそらく日本人としては最初にコミュニケーション・ギャップの事態を冷静に見つめはじめたのです。

†知識を持つだけでは行動につながらない

寺田が残した一連の文章を読むにつれて、私も専門家の立場として「知識を与えること」しか行ってこなかったことに気づかされました。しかも、こうした状況は残念ながら「3・11」以後もほとんど改善されていません。

東日本大震災は関東大震災の89年後に起きました。私はその直後から雑誌・新聞・書籍・ラジオ・テレビなどあらゆるメディアを通じて、防災上必要不可欠な知識を伝えようと頑張ってきました。しかし、寺田が感じたのと同じく、その成果は思ったようには上がりませんでした。

私は考えこんでしまいました。専門家にとって、市民へわかりやすく情報を伝えることは、さほど難しいことではありません。一方、伝達したことを皆さんに「実行」してもらおうとなると、途端に困難を感じるのです。

たとえば、大災害が過ぎたあとにも防災用の準備をおこたりなく続けることは、大変に難しいのです。「のど元過ぎれば熱さ忘れる」の喩《たと》えの通り、何年も地震や津波に対して自発的に準備しつづけてもらうことは、ほとんど不可能に近いことなのです。

ここには教育に関わる根本的な問題が内在しています。すなわち、「教えること」だけではなく、「実行させること」や「自発的に続けさせること」のためには、情報の伝達とはまったく次元の違うプログラムを、専門家の側で用意しなければならないのです。後者を可能にするようなシステムを前もって作っておかないと、本当の減災にはつながりません。こうした本質的な問題を、東日本大震災以降に私は明確に意識するようになりました。

これまでにも地震学者は「必ず大地震が来る」という情報を繰り返し伝えています。しかし、いかに正しい知識であっても、それをそのまま伝えただけでは、人はなかなか行動してくれません。

私が18年前に神戸で経験した阪神・淡路大震災もそうでしたし、東日本大震災についてもまったく同様でした。海で巨大地震が発生したにもかかわらず、津波が襲ってくる前に高台へ逃げなかった方が大勢いたのです。人々に避難行動を起こしてもらうことは、思ったよりもはるかに難しかったのです（図4－1）。

関東大震災の直後に寺田がかかえた悩みは、私たち地球科学者が現在かかえている悩みとまったく同じです。前章まで述べたように、「3・11」から10年単位という時間で地

図4－1　東日本大震災で被災した宮城県石巻の市街地。津波で大きな被害を受け、車などが散乱している。2011年３月13日午後。共同通信社による。

震・噴火に対して警戒を緩めるべきではない、というメッセージをなかなか理解していただけないのです。こうしたことに私自身は日ごとに危機感をつのらせています。

　私は「科学コミュニケーション」の一環として、「科学は生活の役に立つ」ということを伝え、科学に身近になっていただくことに注力してきました。それが東日本大震災の発生以後は、方向性が大きく変わってきました。すなわち、地球科学者から市民への「効果的な情報伝達」から、市民の「自発的な行動喚起」へと移っていったのです。

　つまり、専門家のアウトリーチにとど

まらず、市民同士の中で自発的に減災活動が継続するために何をすれば良いか、を考えるようになってきたのです。それにつれて、コミュニケーションの取り方自体も大きく変化してきました。

東日本大震災でも、専門家に頼らずに行動して救命に成功した例はいくつもあります。こうした人たちは、「自分たちでできること」からまず始めていました。そのことが結果として大切な命を守ることにつながったのです。

以下では、市民の自発的な行動喚起のために必要な方法論を考えていきます。そのためには、まず自然災害に際して人間がどのような行動を取りやすいか、について見ておく必要があるのです。

災害時の行動に関しては、心理学や社会学の面で数多くの研究があります。最初に、普段なじみのない現象が突発的に起きたときに人々が陥りやすい行動を分析してみましょう。

†身近におきる「正常化の偏見」

最初に「同化性バイアス」「同調性バイアス」という人間の陥りやすい行動に関して説明しておきたいと思います（図4－3）。人は何らかの偏った見方を持ちながら日常生活を送っています。心理学の用語で「正常化の偏見」と呼ばれていますが、この言葉は近年急速に広まった言葉です。これは「正常性バイアス」とも呼ばれますが、雑誌や書籍でも多く語られるようになりました。

正常化の偏見とは、非常事態が起きているにもかかわらず、自分だけは大丈夫、あるいは、まさか自分に被害が及んでしまうことはない、と思うことです（図4－2）。たとえば、津波の警報を聞いても、ここまでは被害が来ないと思う心理のことです。その結果、避難行動の動きが鈍くなり、逃げ遅れて溺死してしまいます。

図4－2「正常化の偏見」を見事に表現したポスター。内閣府の広報誌「ぼうさい」51号による（石川県金沢市・白石くるみさんの作品）。

実は、このことは人間にとっては正常な感覚なのです。「偏見」と言ってしまえば悪いイメージですが、過剰な心配から平常な感覚にもどす認知メカニズムの働きでもあります。日々の出来事になんでもびくびくするわけにはいかないからです。

たとえば、横を通り抜ける車の音

に、事故に遭うのではないかと思っていては、生活はできません。包丁を持つ人を見ると、刺されてしまうのではと思っていては、料理教室にはいけないでしょう。飛行機は墜落すると心配していては、飛行機には乗れないのです。このような過敏な感覚に陥らないために、人間の体はうまく対応できているのです。

†身勝手な思い違いが生む「同化性バイアス」

正常化の偏見では、二つの大きな要素が作用として働いています。一つは周りの環境に同化させてしまう、言わば「シルエット」をかける能力です。何か特別な異常を、わざと目立たなくしてしまうのです。その結果、これから起きるリスクの存在を見過ごさせてしまうのです。

たとえば、心の負担がある場合に、そのことだけを考えつづけていると、精神は耐えきれなくなってしまいます。しかし、もし他の用事があったり、何かと忙しくしていると、それに気を取られているうちに心の負担が薄められます。その結果、自分の心を傷つけることから逃れることができます。このように危機に対してベールを掛けてしまう心理行動を、日常の平穏な事態に同化させる「同化性バイアス」と呼びます（図4－3）。

同化性バイアスは人間の心が持つ大切なメカニズムですが、災害などの緊急時に働いてしまうと、大切な命を落とすことになりかねません。というのは、危機を認識するためのスイッチを、自分から切ってしまうからです。

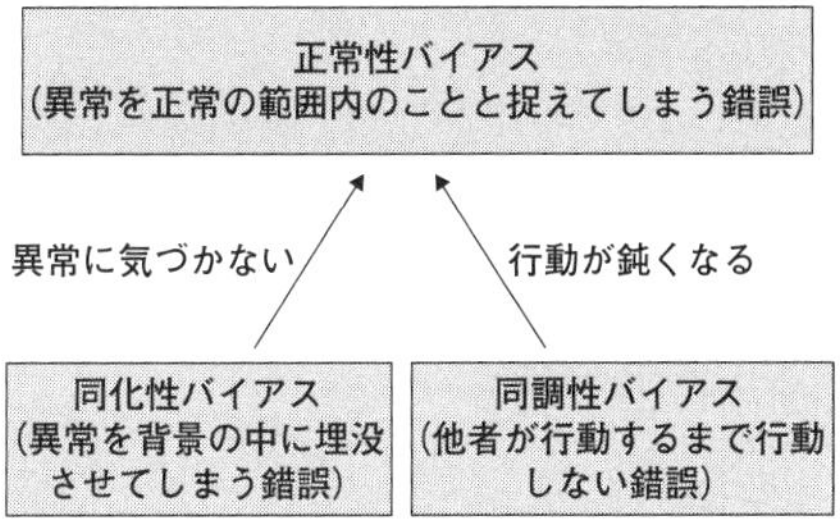

図4－3　正常性バイアスをもたらす同化性バイアスと同調性バイアス。広瀬弘忠氏による。

他人に付和雷同する「同調性バイアス」

もう一つ心の作用に「同調性バイアス」というのがあります。周囲の人たちの価値観や感覚に自分の行動や思考を合わせて同調する働きで、集団の中で「空気が読める」と言う能力でもあります（図4－3）。言ってみれば、自己中心的な生き方をしていないこととも通じ、社会人として大切な能力の一つです。

ところが、これが災害時に働いてしまうと、不都合な事態が生じます。たとえば、津波警報が発令されているにもかかわらず、隣の人が動かないので自分も行動を起こさない、といったことになるのです。

自分では危機を感じていながらも周りが動かないので、自分自身も危機を感じていないように振る舞ってしまいます。その時に、「自分は思い違いをしているんだ」と考えて自分を納得させてしまいます。

このような「同化性バイアス」と「同調性バイアス」が働く中でも、有事には危険を感じ取って迅速に行動しなければなりません。

たとえば、都会の地下街を歩いているときに大きな地震が起きれば、できるだけ早く地上へ出なければなりません。東京や大阪の低地に津波が押し寄せると、水が地下街の空間へ怒濤《どとう》のように流れ込むでしょう。こうなってしまうと階段を上ることも困難になり、地下で溺《おぼ》れてしまいます。

このような「正常化の偏見」に陥らないためには、津波に関する正確な知識を事前に持っていることが重要だと私は考えています。東日本大震災でも、津波は第2波や第3波が襲ってくることを知らずに自宅に戻って被災した人が大勢いました。

こうした行動を止めるのは、「津波は何波も来る」、「あとに来る波の方が大きいこともある」、という知識を持ってもらうことだと思います。

「正常化の偏見」から逃れるためには、知識を持つことともに、災害に対処するシミュレーションを普段から行っておくことも大切です。地震や津波に対する認識があっても、長い間意識することがまったくなければ、知識は自然消滅してしまいます。せっかく得た知識は、定期的にシミュレーションを行って定着しておくことが大事です。突発的に起こりそうな事件に対して、自分なりのシナリオを作っておくのです。

たとえば、東京へ出かけた折りに直下型地震に遭遇したサバイバル・シナリオをいくつか持っておきます。地下鉄に乗っているときであれば、どうやって地上に上がろうか。また、地上を歩いているときにビルから落ちてくるガラスや看板をどのように防ごうか。人混みの中ならばどう行動するか、都心の高層階で仕事をしているときに直下型地震が起きたらどうするか、などです。こうした事態をイメージして、心の中でシミュレーションを行い、避難のシナリオを考えておくのです。

緊急事態が起きると、多くの人は茫然自失して麻痺状態に陥ります。「凍りつき症候群」と呼ばれるものですが、突然発生した事態に体が凍りついてしまい、判断停止に陥ってしまうのです。その結果、普通の状態であれば逃げる時間が十分にありながら、逃げ遅れてしまうのです。

図4－4　2004年12月に発生したスマトラ島沖地震の巨大津波がタイの海岸を襲う瞬間。目と鼻の先にまで波が迫ってきているのに、走り出そうとすらしない人も多かったことがわかる。デビッド・ライデビクによる。

2001年に起きたアメリカの同時多発テロの際に、1機目のジェット機が激突したビルよりも、2機目に激突されたビルにいた人々の方が速やかに避難できました。というのは、彼らは先に激突されたビルの様子を見ており、何が起きたかを理解できたからです。

逆に、先に激突されたビルにいた人たちは、突然の事態にどうしていいかわからず、逃げ遅れてしまったのです。

また、東日本大震災の際にも、背後から津波が迫っているのに、ゆっくり歩いている人が何人もいました。彼らは一所懸命に走っているつもりだったのですが、足が一向に動かなかったのです。これも「凍りつき症候群」の例ですが、津波に襲われる経験がなかったため状況を適切に判断できず、走って逃げる行動に結びつかなかったのです（図4－4）。

緊急時には一分一秒が生死を分けます。こういうときに、「人は凍りつき症候群に陥りやすいものだ」という知識をあらかじめ持ち、頭の中でシミュレーションしておくことが大変有効です。

†「メタ・メッセージ」という落とし穴

専門家は市民に対して避難行動を取るためのたくさんのメッセージを発します。ところが、この中にはある問題が潜在しています。

専門家がある情報を発すると、それと同時に別の「隠れたメッセージ」が発せられてしまいます。隠れたメッセージは専門家が意図して発したものではないのですが、その情報が不都合を起こしてしまうのです。

たとえば、ある地域に集中豪雨による避難指示が出たとします。それを聞いた住民の方は、この指示に従って速やかな避難行動を取り、土砂災害から自身の安全を確保することができます。

しかし、この避難指示には、もう一つメッセージが伏在しています。それは、「避難の情報を確認してから、逃げましょう」というものです。すると、住民の中には、情報が来なければまだ避難しなくてもよい、と思ってしまう人が出てきます。こうなると、自宅のそばに明らかに鉄砲水が迫ってきそうなのに、役場から避難情報がまだきていないから自宅へ留まっている、という事態が生じます。

実際には、不測の事態によって、避難の情報がなかなか届かないこともありえます。役場から来る避難指示のメッセージは、こうした情報が遅れる場合までは考慮されていないので、意図しなかったメッセージが伝わることが往々にしてあるのです。

こうした裏に隠れたメッセージのことを心理学では「メタ・メッセージ」と呼びます。これは、字面には書かれていないのですが、元来の意味を超えて別の意味を与えるメッセージのことです。別の見方や立場から間接的に暗示された意味であり、表面上の意味とは違ったメッセージが伝達されます。先ほどの例は、メタ・メッセージが災害時にマイナスに働いたものです。

私たちの周りには、こうしたメタ・メッセージが意外にたくさんあります。むしろ、ほとんどのコミュニケーションに介在している、と言っても過言ではないのです。

†「二重の束縛状態」を生むメタ・メッセージ

親が子どもに「早く独《ひと》り立ちしなさい」と言った場合にも、メタ・メッセージが入り込んでいます。子どもには「自分で決めて、自立しなさい」と言いながらも、「親の言うことを聞きなさい」というメッセージが隠れているのです。

もし「独り立ちしなさい」という言葉通りに従うと、親の指示に従ったことになり、独り立ちしたことにはなりません。つまり、親の命令に従うと、自立の行動にはなりません。反対に、自立して自分で判断して行動すると、親の言葉に従わなかったことになります。

その結果、どちらの行動をとっても不都合が生じてしまいます。このように、メッセージとメタ・メッセージがお互いを束縛している状態を「ダブルバインド」と呼びます。バインドとは束縛するという意味で、二重の束縛状態になっていることを表しているのです。

親子関係以外にも、専門家と市民の間でも「ダブルバインド」が生じることがあります。専門家が市民を縛り、市民が専門家を縛ることによって、お互い身動きが取れなくなるのです。二律背反《はいはん》による機能不全です。

こうしたことが、災害予測情報を伝達する際に、「空振り」と「見逃し」の現象として

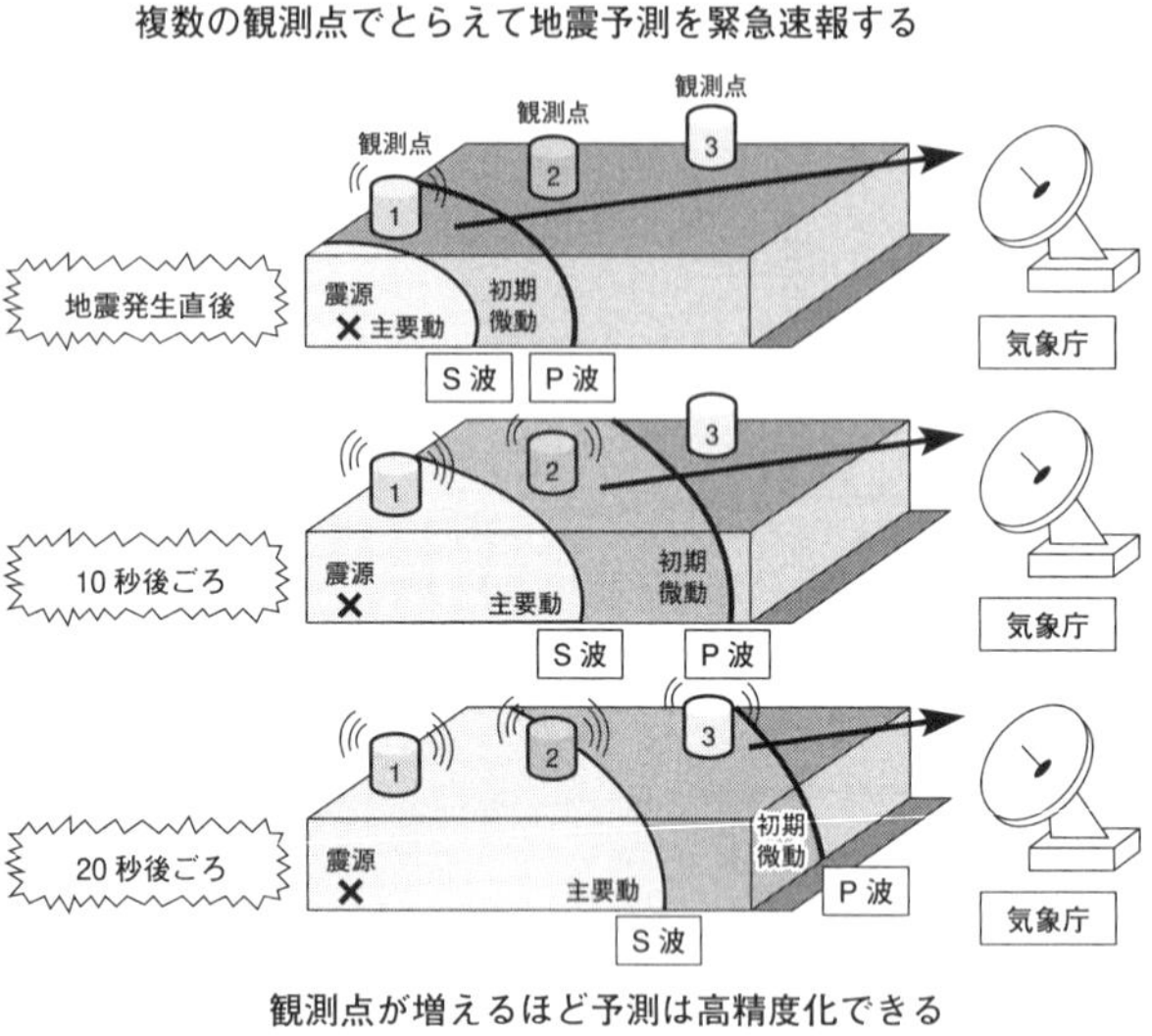

図 4－5 緊急地震速報の仕組み。気象庁のホームページによる。

起きます。これは地震や噴火の場面でしばしば起きるので、次にくわしく説明しましょう。

†緊急地震速報の「空振り」

緊急地震速報というものがあります。今から地震がやってくることを大きな揺れがくる前に知らせる情報です。テレビ、ラジオ、携帯電話などを通じて、揺れの始まる数十秒ほど前に、揺れの大きさ（震度）や地震が起きた場所（震源）を伝えます（図4－5）。

緊急地震速報のようにリアルタイムで伝達される情報は、防災上大変重要で、自分の身を自分で守るために使えます。

東日本大震災が起きてから緊急地震速報が出る回数が非常に増えたのですが、速報が出ても揺れを感じないことを何度も経験した方がおられます。いわゆる緊急地震速報の「空振り」です。

気象庁は、緊急地震速報を受け取ったすべての地域で震度3以上を観測した場合は「適切」とし、一つでも震度2以下を観測した場合は「不適切」と評価しています。これまでに出された6割ほどが「不適切」なものだったのですが、東日本大震災以降に精度が大幅に落ちてしまいました。

これは、マグニチュード9・0という巨大地震の発生により余震が多発し、離れた場所でほぼ同時に余震が起きたことがその原因です。現在のシステムでは、複数の観測データの分離がうまくできず、緊急地震速報の空振りがゼロにはならないのです。

このような状況が続くといわゆる「オオカミ少年状態」が生じて、地震への警戒が薄れてしまいます。しかし、緊急地震速報は一刻も早く予測を出すためのシステムであり、「空振り」があることよりも「見逃し」のないことを重視しています。

もし専門家が「自分たちだけが正しい情報を出す責任者」という思いを強く持っている

と、災害情報の「空振り」や「オオカミ少年状態」を恐れるようになります。また、専門家だけが防災情報の出し手で、他の人はすべて受け手、という考えでいると、一般市民の側には「何でも専門家がやってくれる」という過保護の状況を作ってしまいます。つまり、いつでも正しい判断をくれる専門家に対して市民が過依存する関係が生まれるのです。

いつなんどきまったく新しいタイプの自然災害が発生してもおかしくない中で、こうした状況はきわめて危険です。すなわち、専門家の側の完璧主義と、住民の側が必要以上に頼る状況が、自然災害に対して脆弱な社会を作ってしまうのです。

†「安全」と「安心」

安全と安心と言う言葉はよく対になって使われています。〝安全と安心の国作り〟や〝安全と安心の地域ネットワーク〟などです。しかし安全と安心は同じ尺度で測れません。「安全」はどちらかと言えば、客観的な尺度で測ることができます。一方、「安心」はかなり主観的な価値観によって決められます。その人の性別、年齢、リテラシーや、人生経験、あるいは、周りの人の価値観にも左右されてしまいます。自分の住む地域に地震の専門家が暮らしているというだけで、安心する人も少なからずいます。

さらに、テレビや雑誌などのマスコミで、地震や噴火災害について大きく報道されているときと、そうでないときには、人々が持つ安心感が大きく異なります。また、持ち家があるか預金がどのくらいあるかなど経済的な面でも、安心の感覚は変わってきます。

安全については客観的な数字で評価できますが、同じ条件の安全でも、人にとって同じ程度の安心が得られるわけではありません。公的に決められた安全の基準が、ある人にとっては十分に安心でも、別の人にはまったく不十分なことがあります。

こうした差は個人で生じる感覚というよりも、その個人の属する共同体の持つ価値観によって現れてきます。たとえば、家族、会社、市町村など異なる集団ごとに、安心の基準は異なってくるのです。危険やリスクを受け入れやすい人とそうでない人など、地域性や国民性も大きく影響してきます。

†「トレード・オフ」という構造

「安全」と「安心」の問題には、「費用対効果」という重要な課題が隠れています。すなわち、安全のために費やした費用が、どのくらい安心を得る効果があったかです。

自然現象のように未来を100パーセント予測できないものに対しては、安心を得るために多大の投資をしなければなりません。「万が一」という言葉がありますが、自然界には万が一以上に例外的に起きる現象にあふれています。

一般に、開発途上国では経済成長を優先するため、公害や環境破壊などの問題にはある程度目をつぶって、最大限の生産効率を上げようとします。明治時代の日本もそうでしたが、このような社会では個人の安心よりも社会全体の利潤を優先するのです。

一方、もっと成熟した社会では、個人の安心をできるだけ尊重して施策を行います。ここで「万が一」しか起きないような自然災害にも十全に対処しようと考えると、安全の基準は非常に厳しいものとなってきます。

発展途上の社会では、「万が一」などには到底かまっていられないので、10000から1を引いた残りの「9999」を取ります。「万が一」を取るか、「9999」を取るかは、社会の発展過程と成熟度によって決められます。どのような社会でも、安全と安心に関しては、こうした二つの価値観の間で揺れ動くものなのです。

たとえば、津波のための防潮堤を30メートルの高さにして、25メートルと想定された津波に対応したとしましょう。これによって安心は得られますが、別の大きな問題が生じます。

巨大な防潮堤によって、浜辺からは海が見えなくなってしまいます。津波が襲ってきてもまったく見えないという非常に危険な状況になるのです。さらに、海岸沿いが美しい景勝地である場合には、地域の観光にとって致命的です。そこで働く人々にとって高さ30メートルものコンクリート製の防潮堤は、大きな不安材料となってしまうのです。

ここには、「全体の安全」と「個人の安心」とのトレード・オフ（相克）があります。全体の安全を優先すれば、個人の安心は損なわれてしまうのです。また、「未来の安全」と「現在の安全」の間にもトレード・オフが存在します。

さらに、防潮堤が何百億円もかけて建造されることを考えると、「利益」と「安全」とのトレード・オフも生まれてきます。いずれにせよ、どちらか一方の安全を優先すれば、他方の安全は損なわれてしまうのです。

さて、こうした場合にわれわれはどちらを選べばいいのでしょうか。それに対する決まった答えは存在しません。自然のもたらす災害を減らすために、トレード・オフの状況から逃れられない、という認識を持って、個別に対処しなければならないのです。こうした「構造」を理解すること、そして、自然に対しては完璧を求めず「不完全」を受け入れる勇気を持つことが肝要ではないか、と私は考えています。

†危険を個別に伝える「ハザードマップ」

これまでの防災では、万人に有効な情報を与えることが目標となっていました。その情報はさまざまな専門家からなる学識経験者が作ったもので、国や県など公の機関から一方向で伝えられるものです。

たとえば、地震の発生確率のような数値化された情報があります。これらは特定の個人に対して個別化された情報としてではなく、広く社会に向けて総体的な情報として発信されます。

このような情報は、役場などが地域の危険性を判断するときにはとても重要です。しかし、わが家の裏の山は土砂崩れを起こすのか、自分はいま避難すべきなのか、など個別の案件については、非常に役立てづらい情報です。

個別に与えられる情報としては、地域ごとに作成された「ハザードマップ」（自然災害予測図）があります。火山噴火の場合には、ハザードマップは火山災害予測図と訳され、噴火で飛んでくる噴石や火山灰の降灰域、また溶岩流の進行方向や土石流の被害想定地域などがカラーで表示されています（図4－6）。

自分の住んでいる場所が含まれているハザードマップは、噴火で避難する際にきわめて

図4-6 長野・岐阜県境にある御嶽山のハザードマップ。火山ハザードマップデータベースのホームページによる。

有効な情報となります。よって、火山の近くに住む方々には、一家に一枚必ず備えていただきたいと思います。なお、これらのマップは「火山ハザードマップデータベース」のホームページからダウンロードできます。

　最近では、台風や集中豪雨の際の被害想定地域に関して、自治体が専門家へ依頼してくわしく作ったものがあります。たとえば、豪

雨によって川が氾濫したとき自分の住む地域ではどこまで浸水するのか、また土砂崩れはどこが危険かなどを普段から知っておくことは、とても大事です。自分にもっとも身近に起きうる災害情報こそが、減災のためにもっとも威力を発揮するのです。

人の顔がそれぞれ違うように、減災の方法も地域ごとに違ってきます。どこの場所でも、誰にでも当てはまる一般的な方法論はありません。それぞれの地域と住民に合わせた固有のメニューを考えなければならないのです。

†情報の発信者になる「主体化」

地震や噴火など突然やってくる災害に対しては、ひとりひとりが自分に関わる重要なこととして認識すること（主体化）が大切です。すなわち、自然災害が襲ってくる前に、それがどのような現象であるか、自分はどうなりそうか、についてシミュレーションを行っておくのです。

こうした内容は、自治体から配られるハザードマップにも記述されていますが、我がこととして捉えることが、実は難しいのです。自然災害を自分に関わる現象として捉え直すことを「シミュレーションの個別化」と言います。テレビなどでも地震や噴火に伴って発生する現象の全般的なシミュレーションはしてくれますが、個別化したシミュレーションは自分でやってみなければなりません。

　こうしたシミュレーションは、自発的にはなかなか困難ですが、近くに住んでいる人同士で寄り合って行うことができます。みんなで集まり話し合いながら、実際に起きそうなことをイメージを膨らませながら予測します。災害情報を住民みずからが提供し合い、その地域に合ったものを皆で構築していくことが大切なのです。

図4－7「ジョイン＆シェア」によるウェザーニュース。ウェザーニュースのホームページによる。

　こうして大勢で作る防災情報として、参加型の「ウェザーニュース」があります（図4－7）。いま自分がいる場所のお天気の情報を、インターネットで共有しあうのです。

これはピンポイント情報とも言われますが、各地の気象台が発表する情報より、はるかに狭い地域の情報が得られます。ちなみに、私も出かける前には、お天気サイトをのぞいていきます。自分が今から出むく場所のお天気がくわしくわかるので大変便利です。

こうした集団で作るローカル情報は、情報を受ける人だけでなく、情報を発信する人にも満足感が得られます。人は誰でも他者に役立つことを好む生き物であり、ウェザーニュースを共同制作することで、共有感と連帯感が生まれるのです。自分は能動的に貢献している感覚が得られます。このように、自分が主体的に情報作成に関わっていることは、地域の減災上きわめて有効です。

私の知り合いが興味深いことを言っていました。会社や役所の行う研修を成功させるにはどのようにしたらよいか、という課題についてです。より良い研修を行うには、その研修を受けさせたい社員に、まず研修の企画を立てさせるのがいちばん有効だ、と言うのです。

これから研修を受ける社員に、研修自体の企画をしてもらうことは、無理ではないかと思うかもしれません。しかし、実はそうではないのです。自分たちが受けたいと思うような研修を企画することで、良い研修を作ろうという緊張感と責任感がわいてきて、彼らを前向きに行動させるのです。

彼らはまずその研修について何がポイントかを調べ、類似の研修事例を参考にします。たとえば、関連書籍に当たりネット検索を行います。さらに、こうしたリサーチによって蓄積された情報を研修時間内に伝えるために、順序立てと絞り込みを行うことが必要です。自分たちの職場にとってどの内容が重要かについても吟味します。

さらに、計画ができ上がったあとに、今度は研修当日の具体的な運営方法を考えなければなりません。初めて参加する社員にどのように説明すると効果的かを検討します。研修内容に関する討論の時間を用意することも必要でしょう。内容が固まったあとで、今度は伝え方を工夫するのです。

ここまで準備してみれば、研修の当日前に研修を受けたのと同じ効果が生まれます。研修を企画した社員は、この時点で既に多くの情報を得ることができました。そして研修当日を迎え、実際にやってみると、うまくいくことや伝わらなかったことなどを実感します。後日行われる反省会では、研修を企画した社員にもっとも大きな成長が見られます。よって、私の知人は、いちばん研修を受けさせたい人に企画させる、と言っていたのです。

防災計画の立案でも、構造はまったく同じです。防災計画を必要とする住民の人たちに、計画を作ってもらうのです。この方法論には、防災計画を作りながら本質が学べる、という一石二鳥の効果があるのです。

†人を救う情報を自分も提供する

防災計画を地域の住民が一緒になって作るアイデアの根底には、「ジョイン&シェア」という考え方があります。ジョインとは結合すること、またシェアとは分け合うことですが、ジョイン&シェアという用語は「自分も人も救うために情報を提供する」という発想を表しています。

実際、自然災害が起きたときには数多くの情報が緊急に必要となります。一つずつ列挙してみると以下のようになります。

一、現在どこで、どんな危機的な災害が起きているのかという「災害地・危険度情報」。
二、いつ避難するべきかという避難のタイミング。また、どちらの方向へ避難すべきかという具体的な「行動指示情報」。

これら二つの情報は、直接命に関わり、またその結果、緊急の判断を必要とするものです。次に、

三、刻々と変化してゆく災害の事実についてリアルタイムで的確に伝える「被害進行情報」。
四、災害が起こった直後から急に必要度が増す「安否情報」。
五、ライフラインや道路の状況、運輸手段など被災地での今後の生活に欠くことのできない「生活情報」。

という三項目があります。

　こうしたさまざまな情報の中で、いま自分の持っている情報を速やかに他者へ伝えて活用してもらうことが重要です。また、市町村などの公的部署にその情報を伝え、防災機関が重要な情報をタイムリーに出すために貢献することもとても大切です。

　こうした項目について市民が一緒になって取り組むことで、各人が有益な情報の生産に関わるとともに、情報を必要とする人へ伝達することができます。こうして巨大災害など

の非常時にコミュニティーに参画し、ひいては具体的な減災に貢献することが、ジョイン&シェアの目標となるのです。

その要諦をまとめると以下のようになります。

一、日常の生活の中において「自ら情報発信」し、情報を共有し合う。
二、情報が風化してしまう前に、大事な情報は「繰り返す」ことによって定着させる。
三、単一の目的だけでなく、「一石二鳥」をねらう。
四、その土地に「カスタマイズ」し、個々の地域にとって有効な情報を打ち出す。

これらに加えて、事態の変化に応じて臨機応変に「システム」を組み換えられる柔軟性を持つことも、ジョイン&シェアの行動としては非常に大切です。

†災害のサイクル

これまで述べてきましたように「生活の中での貢献」という発想は、突発的な自然災害を防ぐ際にはきわめて重要です。「それと知らずに」社会を守るシステムを作ることが、そのポイントとなります。すなわち、災害が発生した時点のみならず、その後の復旧においても「いつのまにか」防災行動を取ることができるようにもってゆくのです。本書で提案する「減災」の考え方には、こうした肩ひじの張らない方法を組み込んでいます。

減災の発想は、発生直後の救護からその後の復旧・復興においても機能する場がたくさんあります。一般に、自然災害は何カ月から何年という長期にわたるものが少なくないので、長い復旧・復興期には特有の「災害サイクル」を考える必要があります。こうした場合には、以下のようなステージに分けて考えます。

一、災害の発生（発災）
二、直後の救急と救命
三、避難所の開設、応急仮設住宅の建設
四、住宅再建や街並みの再生
五、地域産業の復興と活性化
六、教育の充実と年中行事の再開

このように異なるステージの中で、将来に向けて減災という行動を日常生活に組みこむことがポイントです。地震・津波・噴火などの災害はくり返し起きるものなので、特有のサイクルを考慮した減災プロジェクトが必要となります。すなわち、平時のうちに非常時を想定して用意しておくことが鍵となるのです。

ここで効果的な減災を可能にするには、三つのプロセスが必要です。

最初に、災害で破壊されたライフラインなどのインフラが復旧し、最低限の生活が確保されることです。次に、バスや役場など公共サービスと商店街など私的サービスが復活し、これまでの生活がある程度まで戻ってくることです。そして三番目には、住民の働く場が再建され、仕事が再開されることです。

ここで二番目と三番目の復旧は、個人の商店のみならず地域の産業となっている企業が復活する必要があります。すなわち、業務と経営が災害前の状態に戻ることが重要です。特に、被害を受けた地元の企業が事業を再開して利益を上げ、さらに人を雇用し地域へ還元しはじめないことには、地域は長期的には復興しないのです。

もちろん、災害救援やボランティアは緊急時に威力を発揮します。一方で、一次的な援助活動に頼るのではなく、長い目で自活を促す方向へ持ってゆかなければなりません。被災地域の企業自体が、さまざまな援助がなくなっても大丈夫なくらいまで元の活気を取り戻すことが肝要なのです。こうした自立と自律の考え方は、「3・11」後の日本を立て直すためにきわめて大切な概念になるのではないかと、私は考えています。

2 減災実現のストラテジー（戦略）

†減災生活のすすめ

地震や噴火に関する講演会で、しばしばこういう質問を受けることがあります。「普段の生活では地震や火山噴火のことばかりを考えているわけにはいかないので、どうしたらよいでしょうか？」

確かにその通りです。仕事・家族など、日々考えなければならないことは数多くあります。それでも、減災のために日常から準備可能なことはたくさんあります。逆に、日々の仕事に忙殺される中で地震や津波災害が襲ってくるからこそ、前もって減災のシステムを構築しておかなければならないのです。

最初の準備さえしていれば、自分たちの生活の一部として減災生活に適応していくことは可能です。日本には1年を通して規則的に訪れる自然災害があります。たとえば、梅雨の雨、秋の台風、冬の豪雪などに合わせて、防災行事に取り組んでいくことはそれほど難しくありません。すなわち、日常の年間行事の中に減災の認識を入れ込んでしまうのです。

具体的には、大掃除の時に防災グッズの交換をしたり、家の修復を必要とする場所を点検するのが良いでしょう。さらに、海開きの日に津波の訓練を加えることもできます。

†「結果防災」という考え方

防災の世界では有名な話があります。「土手の花見」というエピソードです。土手の上に桜の木を植えておいて、春になったら大勢で桜見物にいくのです。実は、毎年土手で花見を行うことにより、人の体重で堤防を踏み固める効果があります。花見に出かけるだけで、増水による堤防の決壊を防ぐことができるのです（図4－8）。

その仕組みを説明しておきましょう。冬になって気温が低下すると、霜が立ったり土の中が凍結します。ひと冬が終わる頃には地盤は緩《ゆる》んでしまい、さらに早春の雨によって軟弱な土地となります。弱った土手が梅雨時の降雨と川の増水で決壊する恐れが生じます。

図4－8　檜木内川《ひのきない》の川堤に植えられた桜並木（秋田県仙北市角館町）。「土手の花見」の事例。時事通信社による。

しかし、土手に桜を植えておくと、花見に繰り出した人々が緩みかけた地面を踏み固めてくれます。こうして毎年土手のメンテナンスが自動的にできるというわけです。

こうした「結果はあとからついて来る」システムのことを、「結果防災」と呼びます。人の自然な行動を防災につなげる仕組みをどれだけ構築できるかが、まれにしか起こらない自然災害に対する防災を生活に根付かせることにつながるのです。

実は、結果防災のメニューを考え出すことができるのは専門家とは限りません。というのは、地域に住む人々が自ら楽しみながら参加したくなるようなシステムが、本当は必要だからです。すなわち、考案者はその土地を熟知した住民であり自治体の職員の方々なのです。「結果防災」こそが、ハザード（危機）回避を考えていく際にもっとも効果的な発想ではないか、と私は考えています。

たとえば、一年単位のスケジュールに減災活動を入れると、比較的簡単に取り組むことができます。四季という季節の動きに合わせて行動することの得意な日本人には、こうしたシステムが向いているのではないかとも思います。

ここで参考になる考え方を示しましょう。キーワードは「楽しいイメージで、そのことをやりたくなる」ように誘うことです。人に新しい行動をしてもらったり、日ごろの習慣として組み込むには、そうしたくなるような作業を前もって用意するのです。多くの人々が「快い」と感じて自発的に続けてもらう状態を作るのですが、科学のアウトリーチでもまったく同じことを行います。

「土手の花見」には、そうした仕組みがいくつも含まれています。早春の良く晴れた日には、誰でも快さを求めて室内から飛び出したくなるものです。実際、野外で行う祭りには、こうした快さが必ず添加されています。

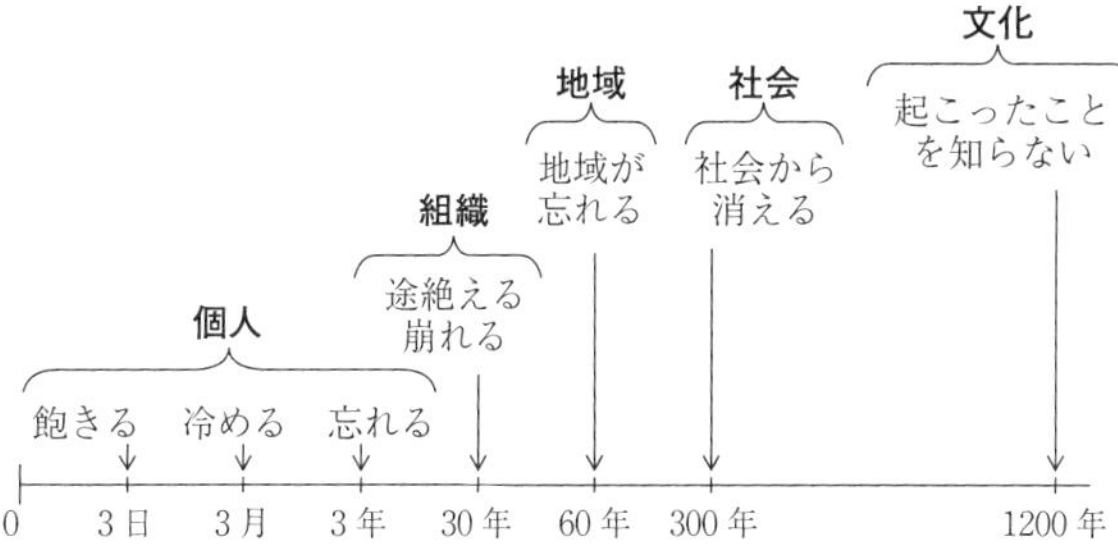

図4－9　人間の記憶と時間の関係。自然災害の記憶が消滅する際には法則性があり、発生間隔の長い大災は残りにくい。畑村洋太郎氏による。

防災が根付くためには、人と人の日常的なつながりがあることが必須です。季節ごとの集まりや祭りなどは、こうしたコミュニケーションを深めるために大いに役立ちます。結果として、地域の人の絆《きずな》を深めることから防災が始まると言っても過言ではありません。

†10年スケール災害への対処

自然災害に対する防災は、時間との戦いという側面があります。寺田寅彦が語ったとされるように「天災は忘れた頃にやってくる」からです。自然災害の記憶は時間とともに風化していき、やがて消滅します。

一般に、大規模な災害ほどまれにしか起きないため、人々の想い出から消えていきます。わずかに伝承として残される場合の他には、社会からすっかり消えてしまうのです（図4－9）。

前章まで述べてきたように、地震や噴火は人が何世代も交代するような長時間の休止期があるものですが、気象災害でも同じような時間の問題があります。「異常気象」という言葉がマスコミを賑わしていますが、本来の異常気象は30年ぶりに襲ってくる気象災害に対して名づけられたものです。30年とはちょうど人の世代が交代する長さですが、日ごろの時間と比べると非常に長いので、災害の記憶が風化しやすいのです。

こうした10年スケールの自然災害に対しては、それなりの防災の対策が必要です。10年スケールの災害は、その地域だけを見つめると、確かに10年に1回やってくる出来事です。しかし、日本全国に範囲を広げてみると、10年スケールの災害は毎年のようにどこかの地域で起きているのです。

台風や洪水のみならず土砂災害もそうですが、他の場所で起きた災害を我がこととして認識することによって、10年に一度の災害に対して「身近な感じ」を保つことが可能です。ここで、日本の他の地域との間でお互いに救援し合う連携関係を作る、というのも大事な方策です。こうすることによって、まれにしか来ない有事に対しても、情報を風化させずに的確に対処することができるのです。

†100年スケール災害は「伝説」によって防災

10年スケールの災害よりも長期の休止期を持つ災害があります。たとえば、東海地震・東南海地震・南海地震などは100年スケールで襲ってくる災害です（第二章の図2－12を参照）。このように、いつやってくるかまったく予測できない地震に対して、防災のために施設や組織を準備することは非常に大変です。

こうしたことは普段の経済活動とはまったく関係なく、むしろ余計な出費となるため敬遠されることが多々あります。実際、莫大な手間とお金がかかることをすべて生活に入れ込むことはほとんど不可能です。まず無理をして行ってみても、決して長続きはしないものです。

したがって、100年スケールの防災では別の戦略が必要となります。普段の生活と企業活動を進めながら、同時進行できるものでなければなりません。仕事や事業が軌道に乗っており、その中で余裕や余剰を生みだし、防災のために一部を回すというやりかたが求められるのです。

似たような方法に、企業の社会還元活動として行われている「メセナ」があります。音

図4-10　浜口梧陵が村人に避難路を示すため稲むらに火をつけようと松明《たいまつ》をもって走る姿。和歌山県広川町役場前の銅像。防災システム研究所のホームページによる。

楽コンサート会場を作ったり、若い芸術家の育成に補助金を出したり、さまざまなメセナが行われていますが、防災もこの項目に入れることが可能です。社会の防災力を高めるために資金を提供するノーブレス・オブリージュ（地位に伴う道徳的義務）の一つの姿と言っても良いでしょう。

先に述べた「結果防災」は、こうした際に重要な考え方です。日常行動の中に防災への投資を組み込みます。そして、結果として100年スケールの防災が出来上がっているように持ってゆくのです。

結果防災を100年スケールで襲ってくる津波に対して成功させた人物がいます。幕末から昭和初期に活躍した浜口梧陵《ごりょう》という人物です（図4-10）。彼は安政元年（1854年）に発生した安政南海地震の時に、押し寄せる津波から村人を救いました（図4-11の

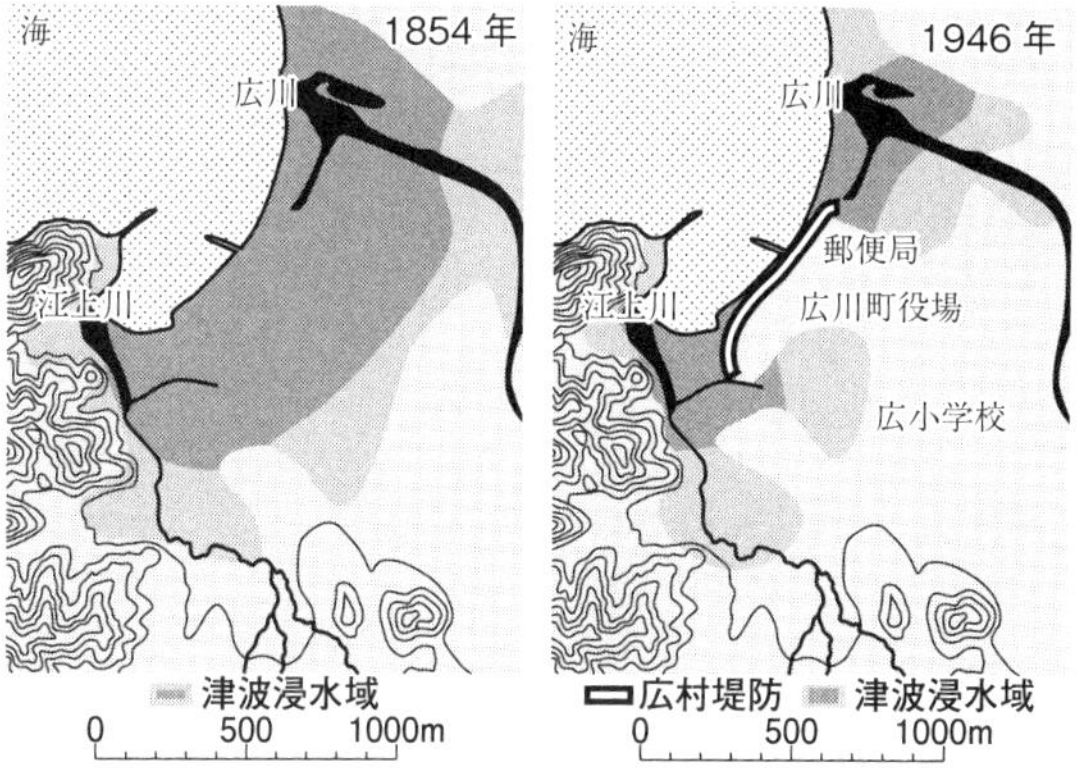

図 4-11 広村堤防が津波を防いだ効果。左：安政南海地震（1854年）の津波の浸水域。右：昭和南海地震（1946年）の津波の浸水域。気象庁のホームページによる。

左図）。

いち早く海上の津波を見つけた浜口は、高台にあった稲むら（稲ワラを積み重ねたもの）に火を付けて、差し迫った危険を村民に知らせました。その火事をみて人々を高台にある八幡神社に向かわせて多くの村人を救ったのです。すなわち、暗闇のために安全な方向を見失わないために、刈りとったばかりの大切な「稲むら」に火を付けた、というエピソードです。

この逸話は小泉八雲（ラフカディオ・ハーン）が英語の作品「生ける神」（A Living God）として明治三〇年（1897年）に発表し、日本語にも訳されました。さらに、小学校5年生の教科書に長く掲載され、津波から人々を救った話として有名になったのです。「稲むらの火」は和歌山の人々にとっては有名な伝説として残り、防災学の始祖といってよい人物と評価されるようになりました。１００年スケールで襲ってくる自然災害は、面識のある人々の記憶の中に受け継がれるのでは不十分です。「稲むらの火」のような伝説となって、後世に幅広く知れ渡ることが必要です。

つまり、伝説として広く人口に膾炙《かいしゃ》してはじめて、地域にも防災の知恵が残るのです。ここで彼の生涯を追ってみましょう。

浜口梧陵は文政三年（１８２０年）に和歌山の豪族・浜口家の長男として生まれました。浜口家は元禄年間に銚子で醤油の醸造業を始め、江戸深川にも出店していた老舗《しにせ》でした。浜口は三宅艮斎《ごんさい》と佐久間象山の門下生となり、勝海舟を始め福沢諭吉・陸奥宗光・山岡鉄舟・榎本武揚・大久保利通・板垣退助・大隈重信など当時の優れた学者や政治家とも親交を深めています。

やがて国の将来には人材の育成が必要であると考え、嘉永《かえい》四年（１８５１年）に広村《ひろむら》崇《すう》義《ぎ》団《だん》を結成し青少年の教育に力を注ぎました。彼はもともと、万が一の有事に対して住民が村を守るのだ、という意識が強かったようです。

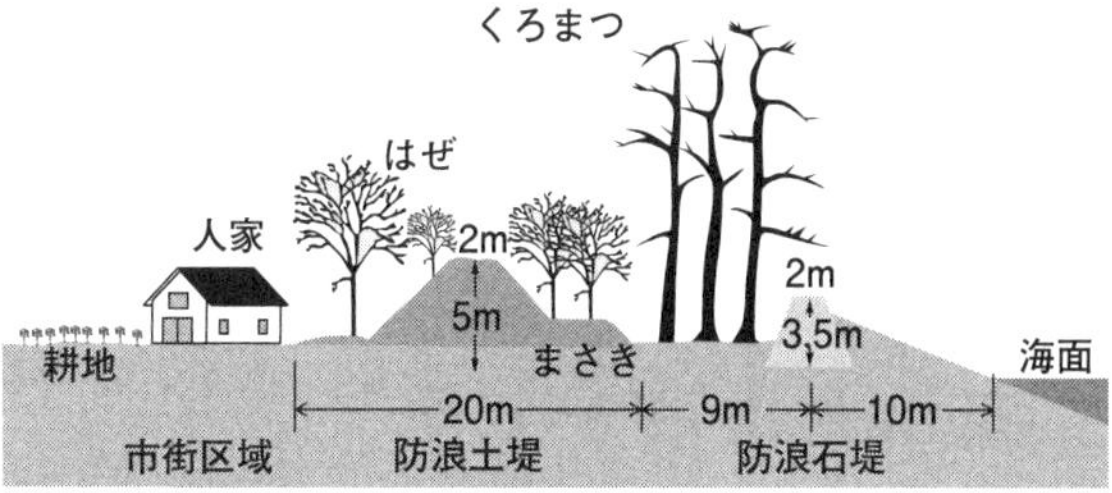

図4−12 和歌山県の広村堤防の断面図。右から左に向かって、15世初頭に畠山氏が築いた石垣（防浪石堤）、浜口梧陵が築造・植林した土盛の堤防（防浪土堤）と松並木（防浪林、防潮林）がある。気象庁のホームページによる。

†「災後」のネットワーク

浜口が安政元年（1854年）に起きた津波災害の後で何をしたのかについて、くわしく知る人はあまりいません。しかし実は、彼の功績は、「稲むらの火」以後の活躍なのです。浜口は多額の私財を投じて防波堤を築きました。土木技術のない江戸時代なので、岩石を積み上げて作った堤の上に防潮林を植えて、津波の勢いを減らしつつ村へ津波が浸入するのを防ごうとしたのです（図4－12）。

浜口は延べ5万6000人の住民を動員して4年がかりで長さ670メートルの防波堤を建造しました。その上には数百本の松とハゼを植林したのです。現在でも和歌山県広川町《ひろがわちょう》の海岸沿いに、二重の防波堤と松林を見ることができます（図4－12）。彼は自然災害から地域を守るために生涯を捧げたと言っても過言ではありません。

地域防災のために浜口が考案した計画は見事なものでした。津波が人々を襲うのは、数十年から100年単位という時間の長さです。この時間は日々の生活の時間感覚からは、なかなかイメージのしにくいものです。浜口がもっとも優れていた点は、長期防災計画を「長尺《ちょうじゃく》の目」で立てたことにあります。

漠然とした目標では、なかなか効果を上げることはできません。また、数十年という期間にわたり緊張感を持続させることもできません。こうした場合には、身近な目標に向けて達成基準を設けていくことが有効です。

たとえば、1年後に何を達成したいかということから逆算して、半年後にはどこまで行うかを考えるのです。その半年後の目標達成のために、1カ月でどこまで仕事を行わなければならないのか。そして、その目標達成のため来週の目標が決まってきます。

浜口の本質を見通す優れた判断力は、「災後」にさまざまな行動として現れます。激甚災害は人命を奪うだけではありません。生き残った人々の生活の基盤を奪い、子孫へ受け継ぐべき土地を消滅させてしまいます。

浜口は津波に襲われた土地の具体的な活用と、再びこの地を襲うだろう災害に対する準備を行いました。浜口が最初に行ったことは、人口の流出を防ぐことでした。まず復旧のために家屋を50軒ほど建て、生活困窮者を救いました。漁師には漁具を提供し、商人には再建に必要な物資を援助したのです。

その後、住民たちが生活基盤を支える収入源を確保できるように、浜口は緊急の雇用対策を行います。1日約500人分の仕事を4年間にわたって作り、その支払いを日払いにしたと言います。こうして得られる労働力は、津波から村を守る堤防を作る事業に当てられました。

浜口は再び津波に襲われても、住民の生活基盤が失われないためにはどうすれば良いかを考えました。すなわち、津波が来る場所には生活基盤を作らないことです。そこで将来、津波が到達すると予想される土地にある田畑には、重い税をかけたのです。こうして暗黙のうちに、危険な場所からの移転を促しました。同時に、移転した人々には減税措置も取り、時間をかけて人々を安全な地域に移していったのです。

安政南海地震のあとに彼が私費で築いた防潮堤は、それ以後に襲ってきた津波と台風から村を守りました。そして、建造から92年後に最大の効果を発揮しました。昭和二一年（1946年）に発生した昭和南海地震による津波を見事に防いだのです（図4-11の右図）。

ちょうど広村堤防の背後にある村が津波から守られたことがわかります。

ここには「結果防災」の考え方が生きています。人々に社会貢献の達成感と日々の収入とを与えながら、結果として見事な堤防を建造し、生活基盤を整えました。どんなに意義が深くても、普段の生活を犠牲にするような防災では人々を動かすことはできません。一方、さほど努力をしなくても、日常生活や仕事と関係するものであれば、長続きします。

こうした浜口の工夫と行動から、「3・11」後の日本を立て直すために重要な考え方が得られるのではないか、と私は思います。

†震災の瓦礫から防波堤を作る

ここまで述べてきたさまざまな方法論を活用し、災害のサイクルを考慮しながら、前章に述べた「ジョイン&シェア」と本章で述べた「結果防災」の両方を目指すプロジェクトが提案されています。

「瓦礫《がれき》を活《い》かす森の長城プロジェクト」というものですが、東日本大震災で排出された膨大な量の瓦礫を使って東北地方の沿岸に盛り土を造成し、その上に木を植えて何十年もかけて市民の力で「森の防波堤」を作ろうという壮大な構想です（図4－13）。

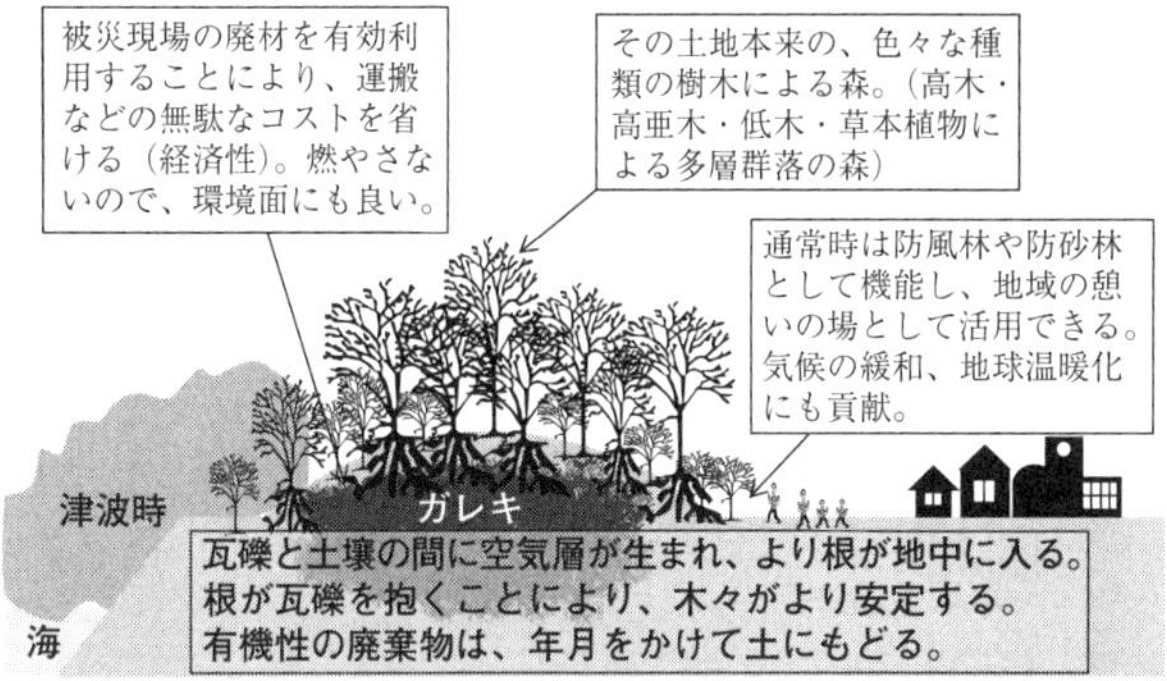
被災現場の廃材を有効利用することにより、運搬などの無駄なコストを省ける（経済性）。燃やさないので、環境面にも良い。
その土地本来の、色々な種類の樹木による森。（高木・高亜木・低木・草本植物による多層群落の森）
通常時は防風林や防砂林として機能し、地域の憩いの場として活用できる。気候の緩和、地球温暖化にも貢献。
津波時
ガレキ
海
瓦礫と土壌の間に空気層が生まれ、より根が地中に入る。
根が瓦礫を抱くことにより、木々がより安定する。
有機性の廃棄物は、年月をかけて土にもどる。

図４－13 森の防波堤の中身。東日本大震災で生じた大量の瓦礫を中に埋めることで一石二鳥の効果を得る。「瓦礫を活かす森の長城プロジェクト」のホームページによる。

植物生態学を専門とする宮脇昭・横浜国立大学名誉教授が提案し、細川護熙《もりひろ》元首相がプロジェクト実現に向けて一般財団を設立し、市民に苗を育てて植樹する参加を呼びかけています。最終的には総計９０００万本の苗木を栽培し、被災した南北３００キロメートルの海岸沿いに植樹し、市民の憩いの場ともなる防波堤づくりを目指そうという大計画です。私の家でもいま苗を育てています。

最初に、防波堤が津波に対してどのくらい効果があるものかどうかについて見ておきましょう。東日本大震災の際に岩手県の釜石市にあった湾口防波堤が、津波のエネルギーを軽減することに成功しました（図４－14）。釜石湾には、最大水深63メートルの防波堤があり、世界最大水深のものとしてギネスブックにも認定されていました。

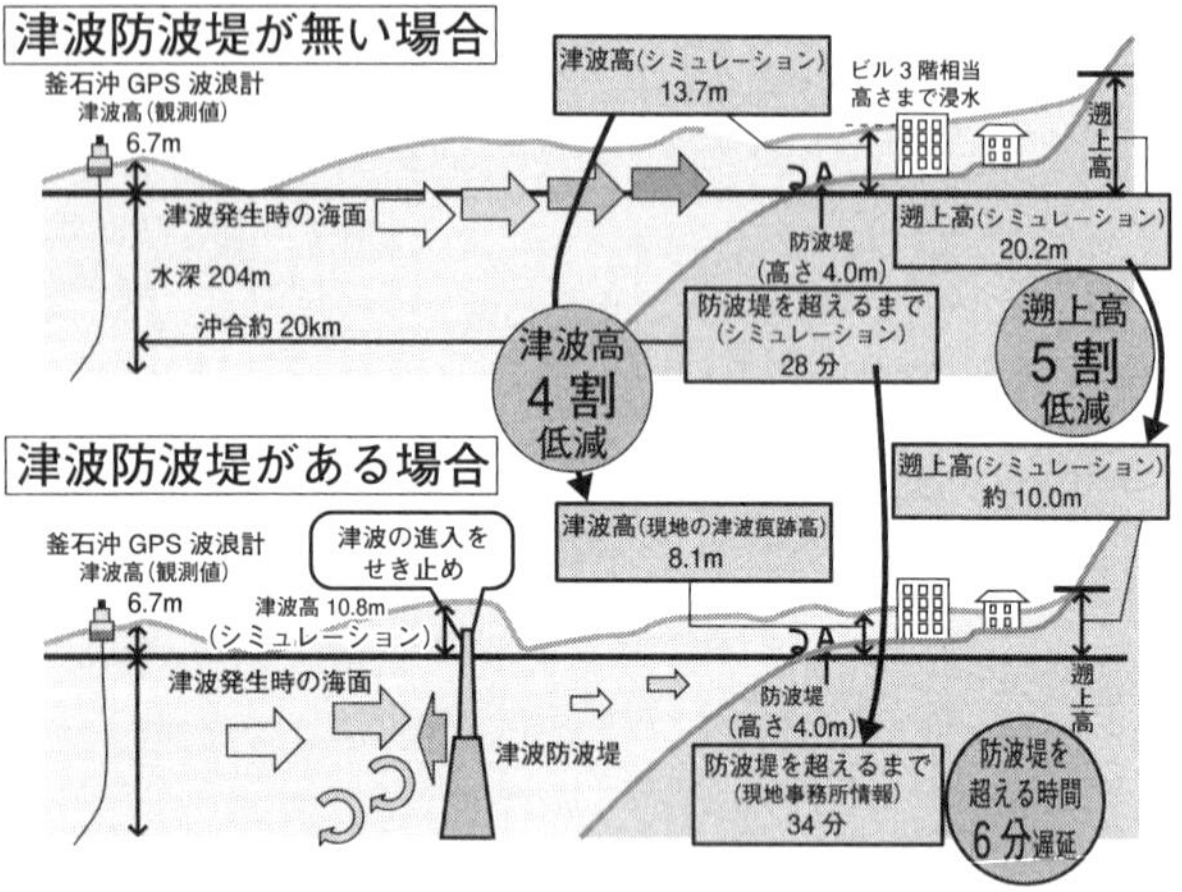

図 4-14 東日本大震災の巨大津波から住民を救った釜石港の防波堤。上図は防波堤がない場合。下図は防波堤がある場合。国土交通省の資料による。

この防波堤も「3・11」の大津波で破壊されましたが、しかし、壊れる途中で津波を減衰させるという役割を果たしたのです。計算してみると襲ってくる津波の高さを4割も低減したことがわかりました。

なお、津波は海岸に達してから陸地を駆け上がります。このことを「遡《そ》上《じょう》」と呼び、いちばん高い場所に達した場所の標高を「遡上高」と言います。釜石の防波堤のおかげで、この遡上高も5割低減したことがわかりました。

このことは津波が住民を襲う時間を6分間遅らせたことに相当し、1300人の生命を救ったと試算されています。わずかな時間とはいえ、避難するための時間を増やすのに防波堤は貢献したのです。すなわち、巨大津波によって破壊されてしまった防波堤でも、犠牲者を半分に減らすことに寄与したわけです。ここに紹介する「森の防波堤」もこうした「減災」の役目を担うものとして期待されているのです。

†東北地方に「鎮守の森」を

さらに、ここには自然災害に対して取り組むまったく新しい視点がいくつか含まれています。これまで地震や津波で残された瓦礫はマイナスの遺物と思われていましたが、このプロジェクトでは自然が生み出した「地球資源」の一つと捉えます。

というのは、震災で発生した瓦礫の大部分は、建築物に使われていた木材やコンクリートです。もともと自然界にある材料を加工したものが破壊されただけなので、地面に返して有効に活用できる貴重な資源なのです。これらを防潮林の土台に再利用してはどうだろうか、という発想から始まったのです。

よって、瓦礫を骨材や土と混ぜて海岸沿いに堤（土塁）を作り、その上に地域に合う樹木の苗を植えて環境保全林とします（図4－13）。数年後には苗はしっかりと根を生やし、浜口梧陵のもくろみと同じように堤を守ります。こうした樹林はやがて森となって成長し、中にある木々は世代交代を行いながら、全体としては数千年も生き続ける持続可能な生態系を生みだすでしょう。

この森は防波堤としての役割を果たしているため、東日本大震災のような巨大津波のエネルギーを吸収し、背後にある市街地の被害を軽減します。さらに、津波の引き波が起きる際には、海に流される人々が防波堤上の樹木につかまることも可能です。

言わば、東北地方の太平洋岸に巨大な「鎮守の森」を作ろうという未来志向のプロジェクトです。表面にコンクリートが露出しない「緑の防波堤」となるだけでなく、震災で亡くなった方の鎮魂とともに東日本大震災を末永く忘れないための「鎮魂の場」という意味も持たせています。

実際に瓦礫とはもともとすべて人々の生活の場にあったもので、それぞれに思いのこもった大切なものだったはずです。これを無用の物として焼却するのではなく、未来の人と土地を守る「森の土台」として活用しようという前向きの発想がここにあります。しかも、国や自治体が一方的に行うのではなく、数多く市民の寄付と人々がドングリから育てた苗を植樹することによって堤防を創り上げてゆく、という「ジョイン&シェア」の考え方が何重にも生きている構想といえます。

瓦礫を活用して震災や戦災の復興事業に役立たせた例は、歴史的にもいくつか知られています。1923年（大正12年）の関東大震災では、大量に出た瓦礫を埋め立てて横浜港近くにある山下公園を作りました。また、第2次世界大戦で壊滅したベルリン市街では、建築物の瓦礫や戦車の残骸を埋めて市民の憩いの場としての公園を再建しました。これらはインフラを建造するというだけでなく、被災した人々に明るい未来を指し示す「復興のシンボル」としての重要な意味をもたらしたのです。

この他にも、防波堤の材料として瓦礫を用いることにはプラスの要素もあります。プロジェクトでは東北地方の気候に適したシイ、カシ、タブなどの植樹を考えていますが、これらの樹木は地中数メートルの深さまで根が垂直に入るため、津波が襲ってきてもすぐには倒れません。

こうした樹木がうまく育つには地中の通気性がポイントとなりますが、瓦礫を土に混入することにより通気性に優れた堤ができ上がります。さらに、家屋に使われていた材木などの有機物は時間とともに地中で分解して養分ともなるのです。瓦礫から作る防波堤には、こうした一石二鳥の要素がたくさんあるのです。

†世界へメッセージを発信

東日本大震災は人口の過密地域を1000年ぶりの巨大地震が襲ったという点で、世界史的にも特異な大事件でした。そのため、巨大災害からいかに復興するかという観点で各国から大きな関心を集めています。今後も巨大地震が世界各地の人口密集地域を襲うことを考えると、日本の災害復旧を世界の模範としてメッセージを発信することができるのです。

「森の防波堤」は1回作ったら終わりという「箱ものプロジェクト」ではなく、植えた木々は成長してゆきます。植林したての状態から苗木が生育し、数十年の間に鬱蒼《うっそう》とした森へと成長する様子を観察することでエコロジー（生態学）を学ぶことができます。

「防波堤の森」では植林後の時間が過ぎれば過ぎるほど、生物の多様性が豊富になってゆきます。その結果、震災前よりも豊かな生態系を作り出すことを実証する実験場でもあるのです。いずれ万里の長城ならぬ「森の長城」を世界中から見学に来る人々が集まり、東北地方の太平洋岸には新たな観光資源が誕生するでしょう。

日本人は「森の文化」を持つ数少ない民族で、過去6000年に渡って現在まで引き継いできました。たとえば、20年に1度行われる伊勢神宮の遷宮も、また60年に一度行われる出雲大社の遷宮も、森とともに生きる日本人の精神と深くつながっています。

鎮守の森は我が国の至るところにあり、そのまわりに住む人々が何世代にもわたって大切に守ってきました。こうした知恵を生かし、科学の力で「予測と制御」を行い、津波から住民の命をしっかりと守る「森の防波堤」構想は、世界にも類例のない我が国独自の発想なのです。

本章で述べたような新しいコミュニケーションの手法を取り込んで、「長尺《ちょうじゃく》の目」にかなう減災プロジェクトを実行すれば、世界の手本となることも可能ではないかと私は考えています。

あとがき――いま直ちにすべきことは何か

東日本大震災をもたらした「3・11」は、日本にとって戦後最大の試練です。本書の終わりに、日本の震災を「首都圏の過密」という問題で捉え直してみたいと思います。

現在、首都圏には日本の人口の約3分の1にも相当する3500万人が暮らしています。その中心にある東京は、江戸時代から日本の中央都市として富を蓄積し、戦後の経済成長によって首都圏として飛躍的に拡大しました。しかし、戦後の復興期と高度経済成長期に日本列島で地震が少なかったのは、僥倖《ぎょうこう》以外の何ものでもなかったのです。それが1995年に神戸市に直下型地震をもたらした阪神・淡路大震災で終了しました。さらに、2011年から日本列島の地盤は新たな変動期に突入したのです。

東日本大震災はわれわれに100年や1000年という長い時間スケールで考えなければならないことを教えてくれました。たとえば、2030年代の発生が確実視されている東海地震・東南海地震・南海地震の「三連動」は、300年に1回の頻度で起きています。また、東日本大震災を起こしたM9の巨大地震は1000年に1回でした。

われわれは日常考えもしない長尺の時間軸でやってくる災害の日本を生きのびなければならないのです。

確かに、東京は世界一効率が良く安全で便利な都市となりました。日本人の最大の資産の一つであり、この宝を灰燼《かいじん》に帰してはならないのです。一方、地球科学の観点では、首都圏は「砂上の楼閣」以外の何ものでもありません。

ちなみに、数年前にドイツの災害保険会社が、世界主要都市の自然災害の危険度ランキングを発表しました。驚いたことに、東京と横浜がダントツのワースト1位（710ポイント）で、次点以下のサンフランシスコ（167ポイント）やロサンゼルス（100ポイント）を大差で引き離していたのです。ニューヨークやパリが地震のほとんど起こらない大陸にあり、おまけに堅い岩盤の上に都市が造られているのと比べて、これは何という違いでしょうか。

世界屈指の変動帯にあり、中でもプレートが三つも交差する首都圏に巨大都市を増殖させてしまったのは、私には「負けることがわかっている日米開戦に突き進んだ過去の日本」とダブって見えます。

首都直下地震がいつ来ても不思議ではない状況になった以上、太平洋戦争で日本が莫大な資産を失った愚を繰り返してはならないのです。戦争末期の悲惨な状況は、われわれ地球科学者が予想している「複合災害」がもたらすものと何ら変わりがありません。

現在は「負ける戦争から直ちに撤退する時期」にあると私は考えます。世界一地盤の悪い場所に首都を造営した過去は変えられないにしても、日本が脳死状態になる「大敗」だけは避けなければなりません。

株式の世界には「損切《そんぎ》り」という言葉がありますが、それに近い決断が今こそ必要なのです。いかに東京がまだ魅力的な都市であっても、複合災害が起きる前に上手に、理性的に撤退するのです（図4－15）。

この「終戦工作」に相当する第一は、「首都機能の分散」でしょう。これにともない各地方にバックアップ拠点としての「危機管理都市」を造ることを、直ちに進めなければならないと思います。首都圏の過密による脆弱性は、日本全体に関わる課題であると言っても過言ではありません。それが地球科学者からの喫緊《きっきん》のメッセージでもあります。

図4-15 1923年の関東大震災の直後に皇居前広場に避難した大群衆。毎日新聞社による。

「3・11」に対するこうした捉え方について、歴史学者からも同様の見解がいくつも出されています。たとえば、日本近代政治史を専門とする坂野潤治・東京大学名誉教授は、1937年（昭和一二年）から日本は危機の時代に入り、1945年（昭和二〇年）の終戦ですべての体制が崩壊したと考えています（『日本近代史』ちくま新書）。

坂野教授の見方に私もまったく賛成で、これからの日本が過去の歴史のような崩壊の道をたどるのか、もしくは新しいシステムを構築して崩壊を回避できるのか、現在が正念場ではないかと考えています。まさに成熟国家を100年足らずで創り上げた日本人の力量が問われているのです。

よって、本書に紹介した地球科学と防災科学の知識を存分に活用して、こうした日本の危機をぜひ回避していただきたいと願っています。なお、「3・11」以後、私は様々な視点からこの問題について論じてきました。『火山と地震の国に暮らす』（岩波書店）、『地震と火山の日本を生きのびる知恵』（メディアファクトリー）、『もし富士山が噴火したら』（東洋経済新報社）、『次に来る自然災害』、『資源がわかればエネルギー問題が見える』（以上、PHP新書）という切り口の異なる五冊ですが、併せてご参考にしていただければ幸いです。

最後になりましたが、本書の刊行にあたり企画・構成から文章表現に至るまで大変お世話になりましたちくま新書編集部の増田健史編集長、江川守彦さん、伊藤笑子さんに心から感謝申し上げます。

二〇一三年二月　歴史の教訓に思いを馳せながら

鎌田浩毅

用語の索引

※斜体の数字は本文中の写真または図版のページを、その他は本文中の各項の主要ページを示す。

【さ行】

【た行】

【な行】

【は行】

【ま行】

【や行】

【ら行】

ちくま新書
1003

京大人気講義《きょうだいにんきこうぎ》　生《い》き抜《ぬ》くための地震学《じしんがく》

二〇一三年三月一〇日　第一刷発行
二〇二四年二月一五日　第三刷発行

著者　鎌田浩毅（かまた・ひろき）

発行者　喜入冬子

発行所　株式会社　筑摩書房
東京都台東区蔵前二-五-三　郵便番号一一一-八七五五
電話番号〇三-五六八七-二六〇一（代表）

装幀者　間村俊一

印刷・製本　三松堂印刷　株式会社

ISBN978-4-480-06701-2 C0244

ちくま新書

1432
やりなおし高校地学
――地球と宇宙をまるごと理解する
鎌田浩毅

人類の居場所である地球・宇宙をまるごと学ぼう！　京大人気№1教授が贈る、壮大かつ実用的なエッセンスを集めた入門書。日本人に必須の地学の教養がこの一冊に。

1454
やりなおし高校物理
永野裕之

ムズカシイ……。定理、法則、数式と覚えて理解しなきゃいけないことが多い物理。それを図と文章で一気に理解させ、数式は最後にまとめて確認する画期的な一冊。

1743
民間企業からの震災復興
――関東大震災を経済視点で読みなおす
木村昌人

関東大震災で壊滅した帝都。その時実業家・企業・財界・地方都市はどう動いたか。後の時代の帝国の経済地図を塗り替えた復興劇を、民間経済の視点で読みなおす。

1693
地形で見る江戸・東京発展史
鈴木浩三

江戸・東京の古今の地図から、自然地形に逆らわない町づくりの工夫が鮮やかに見えてくる。河川・水道・道路・鉄道などのインフラ発展史をビジュアルに読み解く。

1554
原発事故　自治体からの証言
今井照
自治総研編

福島第一原発事故発生、避難、そして復興――原発災害の過酷な状況下の自治体の対応を、当時の大熊町と浪江町の副町長の証言により再現する貴重なドキュメント。

1237
天災と日本人
――地震・洪水・噴火の民俗学
畑中章宏

地震、津波、洪水、噴火……日本人は、天災を生き抜く知恵を、風習や伝承、記念碑等で受け継いできた。各地の災害の記憶をたずね、日本人と天災の関係を探る。

971
夢の原子力
――Atoms for Dream
吉見俊哉

戦後日本は、どのように原子力を受け入れたのか。核戦争の「恐怖」から成長の「希望」へと転換する軌跡を、緻密な歴史分析から、ダイナミックに抉り出す。